KB057212

미슐랭 레스토랑 파티시에의

타르트 & 케이크

미슐랭 레스토랑 파티시에의

타르트 & 케이크

발행일 2018년 11월 15일 초판 1쇄 발행
지은이 제임스 캠벨
옮긴이 이현주
발행인 강학경
발행처 시그마북스
마케팅 정제용
에디터 김경림, 장민정, 최윤정
디자인 최희민, 김문배

등록번호 제10-965호
주소 서울특별시 영등포구 양평로 22길 21 선유도코오롱디지털타워 A404호
전자우편 sigmabooks@spress.co.kr
홈페이지 http://www.sigmabooks.co.kr
전화 (02) 2062-5288~9
팩시밀리 (02) 323-4197
ISBN 979-11-89199-56-2 (13590)

JAPANESE PATISSERIE
by James Campbell

First published in the United Kingdom
under the title Japanese Patisserie by Ryland Peters & Small Limited
20-21 Jockey's Fields, London WC1R 4BW

이 도서의 국립중앙도서관 출판예정도서목록(CIP)은 서지정보유통지원시스템 홈페이지(http://seoji.nl.go.kr)와 국가자료공동목록시스템(http://www.nl.go.kr/kolisnet)에서 이용하실 수 있습니다.
(CIP제어번호: CIP2018032927)

* 시그마북스는 (주)시그마프레스의 자매회사로 일반 단행본 전문 출판사입니다.

미 슐 랭 레 스 토 랑 파 티 시 에 의

타르트 & 케이크

제임스 캠벨 지음 / 이현주 옮김

• PREMIUM QUALITY •

시그마북스
Sigma Books

추천의 글

제과 · 제빵은 사라져 가는 기술이다. 자랑스러워할 만한 디저트나 케이크를 만드는 데는 시간과 노력이 필요한데, 이것을 지키는 것이 쉬운 일은 아니기 때문이다. 셰프 친구들과 〈루 스칼라십(Roux Scholarship)〉의 심사위원들, 데이비드 니콜스, 게리 로드를 통해 오래전부터 제임스와 알고 지냈다. 최상의 결과가 아니면 절대 타협하지 않는 전문가들인 그들은 제임스를 현명한 페이스트리 셰프이자 장인이라고 표현했다. 제임스의 디저트를 먹을 때마다 만족하는데, 특히 핑크 페퍼콘&패션푸르트 이튼 메스와 유자 가나슈, 미소&피넛버터 크런치를 곁들인 스모크 초콜릿 파베가 인상적이었다. 두 번 모두 디저트를 끝내기도 전에 키친에 있는 제임스를 찾아가 축하의 인사를 건넸다. 그의 디저트에서 섬세한 손길을 느낄 수 있었다. 우리는 모두 동료들의 특별하고 독특한 자질에서 영감을 받는다. 제임스의 디저트를 맛보는 순간, 입에서 불꽃놀이가 일어나는 듯한 기분을 느낀다. 그의 디저트는 놀랍고 섬세하며 가볍고 맛있다. 훌륭한 디저트란 모든 식사가 끝난 후에도 흥분되고 다시 맛보고 싶은 기분을 느끼게 만드는 것이다. 제임스는 클래식한 기술뿐만 아니라 퓨전 방식에도 일가견이 있다. 그는 완벽한 균형을 맞추는 데 탁월한 소질을 보인다. 열린 마음으로 바라보는 시각과 재능을 겸비한 훌륭한 페이스트리 셰프다.

- 미쉘 루, OBE

요리의 세계는 맛있는 서프라이즈로 가득하다. 대부분 훌륭한 음식에 놀라지만 때로 엄청난 재능을 가진 젊은 셰프들이 보여주는 기술에서 놀랄 때도 있다. 제임스는 아주 오래전 열정이 넘치는 젊은 셰프로서 우리 팀에 합류했다. 그는 디저트에 대해 더 보고 배우고 발견하고 싶어 했을 뿐만 아니라 디저트에 자신만의 개성을 표현하고 싶어 했다. 큰 인상을 남기지 못하고 지나간 젊은 셰프들이 수도 없이 많지만 제임스의 다듬어지지 않은 기술은 눈에 띄었으며, 아주 미세하게 다듬어주는 것만으로 충분했다. 함께 일하며 가르치기 즐거울 뿐만 아니라 하루하루 실력이 향상되는 것이 눈에 보이는 젊은이였다. 이 책에서 볼 수 있는 제임스의 글, 생각, 요리를 통해 그가 세계를 돌며 얼마나 수많은 요리 경험을 했는지 느낄 수 있다. 제임스에게 축하의 인사를 전하며 그의 성공적인 앞날을 기원한다.

- 게리 로드, OBE

제임스 캠벨과 알고 지낸 지 15년이 넘었다. 좋은 친구인 게리 로드의 추천으로 제임스는 나와 함께 오리엔탈 호텔에서 페이스트리 셰프로 일했다. 제임스는 미슐랭 스타를 받은 게리의 레스토랑에서 페이스트리 셰프로 경력을 쌓은 후 더 다양한 작업을 시도할 수 있는 곳으로 진출하길 원했다. 제임스를 고용한 것은 훌륭한 결정이었다. 아주 재능 있는 페이스트리 셰프이자 훌륭한 리더, 선생님, 멘토이기도 하지만 무엇보다 그는 멋진 사람이다. 나와 6년간 일한 후 제임스는 새로운 곳으로 나아갈 때라고 결정했다. 여전히 최고 품질의 음식을 생산하지만 대중 시장을 목표로 하는 마크스&스펜서에 들어갔다. 새로운 위치에서 끊임없이 성장해 나가는 모습이 보기 좋다. 그는 가족에게 헌신하는 가장이기도 하다. 그럼에도 시간을 내어 내가 해마다 진행하는 여러 자선 모금 활동에도 참여한다. 이 책이 꼭 성공하길 바라며 그의 앞날에 행운을 빈다. 제임스가 작업한 책이라면 분명 최고의 디저트와 페이스트리를 만드는 레시피가 담겨 있을 것이다. 모두에게 이 책을 추천한다.

- 데이비드 니콜스, 만다린 오리엔탈 호텔 식음료 글로벌 디렉터

CONTENTS

5 디저트

6 쿠키 & 과자류

7 짭짤한 스낵

들어가는 글

스코틀랜드에서 어린 시절을 보낸 덕분에 항상 신선한 식재료로 만든 맛있는 집밥을 먹으며 자랐다. 해리 삼촌의 뒷마당에서 기른 대황을 따 먹고 (물론 설탕에 찍어서) 할머니의 애플 크럼블과 어머니의 클루티 덤플링(clootie dumpling, 스코틀랜드의 전통 푸딩-옮긴이)을 먹으며, 어릴 때부터 맛있는 음식에 관심을 가지게 되었다.

17세에 학교를 떠난 후 운 좋게도 로몬드 호숫가에 있는 훌륭한 5성급 호텔인 카메론 하우스에서 일을 시작했다. 메인 키친에서 6개월간 일한 후 페이스트리 키친으로 이동하면서부터 제과에 대한 애정과 열정이 생겨났다. 스코틀랜드의 여러 훌륭한 주방을 거쳐 2000년에 런던으로 향했다.

24세가 되던 해, 미슐랭 스타를 받은 게리 로즈의 식당 로즈 인 더 스퀘어에서 헤드 페이스트리 셰프로 일할 기회가 생겼다. 호주에서 18개월 동안 짧게 일한 경험을 제외하면 주로 런던에 머물며 경력을 쌓았다. 특히 만다린 오리엔탈 호텔에서 4년 동안 리사 필립스와 데이비드 니콜스의 가르침 아래, 힘들었지만 행복하게 일한 때가 기억에 남는다. 그러다 가정을 꾸리게 되면서 커리어도 살짝 새로운 방향으로 바뀌었다. 음식만 생각하는 장점을 살려 지금은 마크스&스펜서에서 새롭고 전략적인 방법으로 신제품 개발을 연구·감독하는 일을 하고 있다.

이 책을 작업하는 동안 즐거운 마음으로 임했다. 경력 덕분에 영국과 세계 곳곳의 훌륭한 키친에서 일할 수 있는 영광을 누렸는데, 그때마다 특히 동아시아와 동남아시아의 요리를 높이 평가하게 되었다. 작은 부분까지 세심하고 꼼꼼하게 신경 쓰는 일본 문화에 늘 감동했지만, 진정한 일본 요리의 매력에 빠진 것은 3년 전 마크스&스펜서에서 활용할 새로운 아이디어를 얻기 위해 일본을 방문했을 때다. 제철 재료를 훌륭하게 활용하고 재료 손질부터 서비스에 이르는 모든 단계에서 진심을 다해 꼼꼼히 신경 쓰는 모습뿐만 아니라 일본인 특유의 배려에 깜짝 놀랐다. 그때부터 일본이라는 나라에 푹 빠졌고 요리할 때마다 일본 식재료를 활용하기 시작했다.

일본에서 특히 인상 깊었던 점은 일본의 전통적인 맛에 프렌치 파티세리 스타일의 레시피를 융합하여 아름답고 훌륭한 결과물을 만들어낸다는 것이다. 이 책을 통해 전통적인 프렌치 파티세리를 향한 오랜 열정과 현대 일본 음식에 대한 새로운 열정을 느낄 수 있을 것이다. 또한 일본에서 본 많은 메뉴에서 흔히 사용되는 이국적인 재료들도 함께 녹여냈다.

이 책의 작업을 무사히 마치게 되어 뿌듯한 만큼 여러분도 여기에 소개하는 레시피를 즐길 수 있길 진심으로 바란다. 너무 낯설지 않은 방식으로 마법 같은 맛을 구현해 낼 수 있도록 노력했다. 새롭고 다양한 시도를 통해 당신만의 모험을 떠나게 되길 바란다.

- 제임스 캠벨

전문 재료 & 도구

이 책에서 쓰인 다소 생소한 재료와 도구들을 소개한다. 상점에서 쉽게 구할 수 있는 재료도 있고 온라인이나 일본 식자재 전문점에서 구매할 수 있는 재료도 있으므로 구입처 홈페이지(12쪽)를 참고하면 도움이 될 것이다. 13쪽에 소개한 '플레이버 휠'을 참고하면 생소한 재료라도 어떤 맛인지 가늠할 수 있다.

과일류

금감 : 작고 쓴맛을 띠는 금감은 서서히 조리하면 단단한 껍질을 벗기기 쉽다.

금귤 : 일본에서 흔히 사용하는 금감의 한 종류다.

영귤 : 라임과 비슷하게 생겼지만 훨씬 시다. 일본에서는 달고 짠 요리에 주로 사용한다.

향신료

벚꽃 : 벚꽃을 깨끗이 헹구어 꽃자루를 제거하고 설탕물에 담근 벚꽃을 구매할 수 있다. 또한 온라인에서 동결 건조한 벚꽃이나 벚꽃 진액도 구입할 수 있다.

통카빈(tonka beans) : 콩과의 나무에서 나는 통카빈은 바닐라, 체리, 아몬드, 약간의 향신료 향을 낸다. 주로 바닐라 대용으로 쓰며 라즈베리와 밀크초콜릿과 어울린다. 과량(레시피에서 사용하는 양의 100배 정도) 섭취할 경우 독성을 띨 수 있기 때문에 통카빈의 사용을 금하는 나라도 있다.

말차 파우더 : 이 책에서 자주 언급되는 말차 파우더는 일본 찻잎으로 만든 가루다. 일반적인 녹차와 비슷한 맛을 내지만 말차 파우더는 최상의 찻잎만 사용해 만들며 녹차보다 정제되고 깔끔한 뒷맛을 준다. 항산화 성분이 많이 함유되어 있고 아름다운 빛깔과 깊은 맛을 낸다.

사케 : 쌀로 빚은 일본식 청주로, 쌀겨를 제거하여 발효한 맑은 술이다. 사케는 크게 대중적인 후쯔슈와 프리미엄 사케인 토쿠테이 메이쇼슈로 나뉜다. 요리용 와인을 선택할 때와 마찬가지로, 대중적인 사케를 사용하길 추천한다. 때에 따라 스파클링 사케를 사용할 때도 있다.

핑크 페퍼콘 : 대부분 상점에서 구입할 수 있는 핑크 페퍼콘은 향미가 훌륭하여 빵을 굽거나 디저트를 만들 때 적합하다. 특히 패션프루트나 유자처럼 감귤류 과일과 잘 어울린다.

산초 페퍼 : 약간의 레몬 향과 흙 향, 톡 쏘는 향을 낸다. 초피와 비슷하며 녹색의 산초 페퍼가 질이 좋다.

타히니 : 볶은 참깨를 갈아 만든 페이스트로 땅콩버터처럼 고소한 맛이 풍부하며 초콜릿과 잘 어울린다. 중동 요리에도 널리 사용된다.

팥소 : 판매하는 단팥 앙금을 사용해도 좋고 31쪽을 참고하면 쉽게 만들 수 있으므로 직접 만들어 사용해도 된다. 팥 자체는 짭조름한 맛이 나기 때문에 단맛을 균형 있게 잡아주어야 한다.

미소 : 대두에 소금을 섞어 발효시킨 일본 된장이며 갈색 미소, 적색 미소, 백색 미소 등으로 나뉜다. 이 책에 나오는 레시피는 대부분 백색 미소를 사용한다. 달콤한 맛의 백색 미소는 숙성 기간이 짧아 부드럽다.

고급 파티세리 재료

젤라틴 : 젤라틴은 두 가지 사이즈로 나온다. 작은 사이즈의 가정용 젤라틴(일반 상점에서 살 수 있고 가정에서 요리할 때 사용한다)과 큰 사이즈의 상업용 젤라틴(주로 전문 셰프들이 사용한다)이 있다. 두 가지 옵션 모두 레시피에 소개했으니 각자 구매한 젤라틴 종류에 맞는 양을 확인하자.

젤란검 : 안정화와 점착성을 증가시키는 식물성 겔화제다. 미세한 증가량을 측정할 수 있는 전자저울을 준비해 정확한 양의 젤란검을 사용한다. 주로 소량의 설탕과 섞어 사용한다.

요거트파우더 : 파우더 형태로 먹을 수 있으며 베이킹에도 적합한 파우더다. 디저트에 요거트의 신맛을 더해준다.

구연산 : 다양한 면에서 유용하지만 나는 파트 드 프뤼(pâte de fruit, 94쪽 참고)를 만들 때 젤리가 잼으로 변형되지 않도록 구연산을 활용한다.

전화당 : 전화당으로 트리몰린을 가장 흔히 사용하지만 액상 글루코스로 대체해도 좋다.

펙틴 : 설탕과 함께 열을 가할 때 자연스럽게 생기는 농후제로 잼이나 젤리 등에 사용한다.

도구

실리콘 몰드 : '큰 케이크&갸토(77~105쪽)' 에 소개한 디저트들을 만들 때 실리콘 몰드가 필요하다. 큰 몰드와 디저트의 내층을 위한 작은 몰드를 준비한다. 책에 소개한 것과 같은 모양의 몰드를 구하기 힘들다면 다른 모양을 써도 상관없지만, 레시피와 비슷한 분량을 담는 몰드를 고르자. 모양이 비슷하다면 케이크 팬이나 작은 플라스틱 통을 사용해도 좋다. 일반적인 모양의 실리콘 몰드는 쉽게 구할 수 있으며 특별한 모양의 몰드를 원한다면 www.silikomart.com에서 다양한 몰드를 찾을 수 있다.

에스푸마 건(espuma gun) : 사이펀(siphon)이라고도 부르며 미세한 스펀지 가니시를 만들 때 사용하는데, 부드러운 거품이나 소스 등을 만들 때도 유용하다. 미세한 스펀지 가니시를 만들기 위해 폴리스티렌 컵과 전자레인지도 필요하다.

스프레이 건 : 장식용 스프레이를 직접 만들고 싶다면 파티세리용 스프레이 건이 유용하다. 하지만 초콜릿 벨벳 스프레이를 색상별로 구매해서 사용해도 괜찮다.

재료·도구 구입처

실리코마트 몰드 www.silikomart.com : 이 책에서 사용한 실리코마트의 몰드는 다음과 같다. 38쪽 필로(Pillow), 78쪽 킷 레드 테일(Kit Red Tail), 86쪽 스텔라 델 치르코(Stella Del Circo), 91쪽 바그(Vague), 94쪽 잔두야(Gianduia), 98쪽 이클립스(Eclipse), 100쪽 모듈러 플렉스 웨이브(Modular Flex Wave).

리터 코리보 www.rittercourivaud.co.uk : 식재료 및 데커레이션 재료

MSK 재료 www.msk-ingredients.com : 전문 파티세리 재료, 전문가용 도구(스페리피케이션 키트 포함), 데커레이션 재료

홈 초콜릿 팩토리 www.homechocolatefactory.com : SOSA 제품(전문가용 프리미엄 재료)

플레이버 휠

익숙하지 않은 재료의 특성을 확인할 때 이 도표가 도움이 된다. 각 재료의 맛을 이해하고 나면 여러 재료를 섞어가며 각자만의 조합을 만들 수 있다. 또한 특정 재료를 구할 수 없을 때 같은 향미를 내는 재료로 대체할 수 있다. 예를 들어, 유자 대신 톡 쏘는 레몬을 사용하거나 미소 된장 대신 바다 소금을 사용해도 된다. 복합적인 풍미를 가진 재료들은 세 가지 범주에 속하기도 한다.

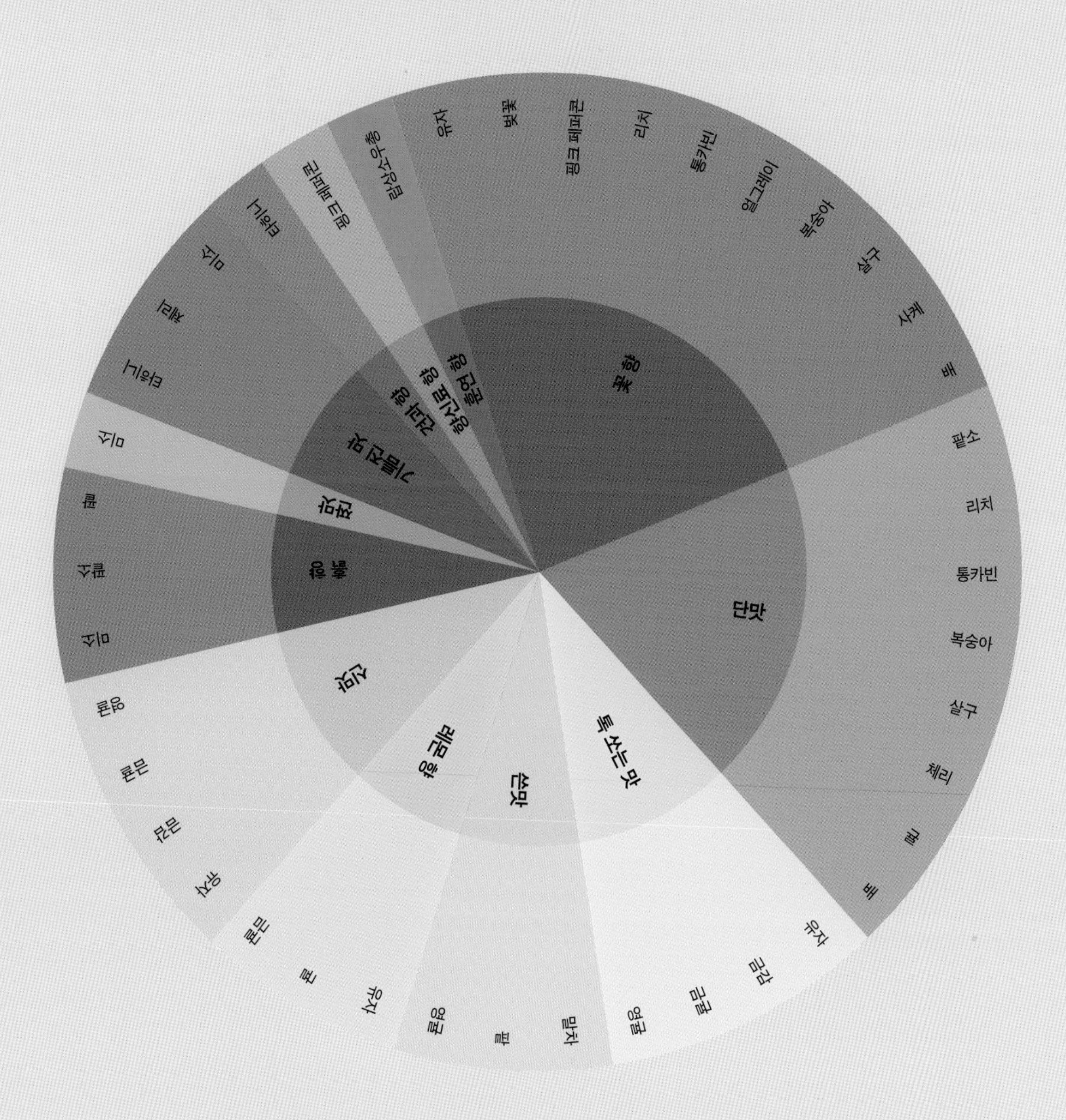

테크닉

초콜릿 템퍼링

템퍼링은 광택과 아삭한 식감을 위해 초콜릿을 특정한 방법으로 녹이고 식히는 작업이다. 모든 초보 페이스트리 셰프가 연마해야 하는 기술이며 실온에서 초콜릿을 다루고 보관할 수 있다는 의미이므로 초콜릿으로 원하는 모양의 아름다운 데커레이션을 만들 수 있다.

템퍼링 기술은 한 번 이해하고 나면 꽤 간단하다. 모든 초콜릿은 여섯 가지 지방산으로 이뤄져 있는데, 이 중 네 종류의 지방은 불안정한 구조이고, 두 종류는 안정적인 구조다. 템퍼링은 모든 종류의 지방산을 유화하여 안정적인 상태로 만드는 과정이다. 이 과정을 통해 매끄럽고 윤기 나는 표면을 얻을 수 있다. 시중에 판매되는 초콜릿은 모두 템퍼링 과정을 한 번 거쳤기 때문에 다시 템퍼링을 하지 않고 그냥 녹여 사용하면 지방산이 분리되어 초콜릿 표면이 울퉁불퉁해지는 블룸 현상이 생긴다. 초콜릿 생산 회사에 따라 템퍼링 온도가 달라야 하기 때문에 포장지에 적힌 정보를 제대로 확인해야 한다. 코인 초콜릿이나 작게 잘라놓은 초콜릿이 사용하기에 적당하다. 시중에 판매되는 대부분의 초콜릿에 적합한 템퍼링 온도는 다음과 같다.

다크초콜릿 : 45℃ 이상에서 용해하고 27~31℃까지 식힌다.

밀크초콜릿 : 40℃ 이상에서 용해하고 27~31℃까지 식힌다.

화이트초콜릿 : 40℃ 이상에서 용해하고 27~31℃까지 식힌다.

어떤 템퍼링 방법으로 작업하든 이 온도는 꼭 지켜야 한다. 초콜릿을 식힐 때 다양한 방법이 있는데, 가장 흔한 두 가지는 대리석법(marble)과 수냉법(ice bath)이다. 대리석법으로 템퍼링을 할 때, 깨끗하고 건조한 대리석판 혹은 작업대, 디지털 온도계, L자 스패출러/메탈 스패출러, 스크레이퍼가 필요하다. 우선, 초콜릿을 짧은 시간 내 전자레인지로 녹이거나 적절한 온도로(위의 내용 참고) 중탕한다. 녹인 초콜릿의 $^4/_5$ 정도를 대리석 표면에 붓고 L자 스패출러로 최대한 얇게 펴 식힌다(**A**). 스크레이퍼로 넓게 펴고 모으고를 반복하며 초콜릿을 중앙으로 모은다(**B**). 온도계를 이용해 초콜릿 온도를 확인하고 초콜릿이 살짝 되직해지고 약 27℃로 식을 때까지 넓게 펴고 모으고를 반복한다. 남은 $^1/_5$의 초콜릿이 담긴 볼에 식힌 초콜릿을 다시 담아 1분 동안 저으면, 온도가 30℃ 정도로 올라간다. 이제 템퍼링 과정이 끝났으므로 작업을 시작해도 좋다(**C**). 온도가 살짝 낮다면 조금 따뜻하게 데우면 되지만, 33~34℃ 정도까지 올라가면 다시 식히기를 반복해야 하니 주의하자.

수냉법은 얼음을 담은 커다란 볼과 디지털 온도계가 필요하다. 초콜릿을 알맞은 온도로 중탕한다(위의 내용 참고). 초콜릿이 담긴 볼을 얼음을 채운 커다란 볼에 넣은 후 식을 때까지 초콜릿을 계속 젓는다. 30초 정도 후 초콜릿이 담긴 볼을 다시 따뜻한 물이 담긴 볼로 옮긴다. 30℃가 될 때까지 얼음물과 따뜻한 물로 반복해서 옮기며 계속 젓는다. 초콜릿에 물이 들어가지 않도록 조심한다.

템퍼링 작업이 끝난 초콜릿을 아세테이트지 위에 얇게 편다(**D**). 초콜릿이 아직 굳지 않았을 때 원하는 크기로 자르고(**E**) 굳을 때까지 기다린 후 아세테이트지를 조심히 제거한다(**F**).

A
B
C
D
E
F

퀴넬링

1970년대 오트 퀴진이 탄생하면서부터 퀴넬링 기법을 사용했다. 휘핑크림이나 아이스크림, 소르베, 가나슈, 버터처럼 질감이 부드러운 재료를 타원형으로 보기 좋게 만드는 기술이다. 곁들이는 음식을 우아하게 내어놓는 방법으로 전문가의 느낌을 부여한다. 이 책에서도 몇 가지 디저트에 퀴넬링 기법을 쓴다.

간단해 보일지 몰라도 이 기술은 연습이 꼭 필요하기 때문에 설명만으로 완벽히 전수하기 힘들다. 만약 퀴넬링을 제대로 익히고 싶다면 더블/헤비크림을 구입해 단단해질 때까지 세게 휘저으며 연습하길 추천한다.

퀴넬을 만드는 데 두 가지 방법이 있다. 1990년대 초반에 내가 처음 배운 방법은 숟가락 2개를 사용하는 전통적인 방법이다. 대부분 셰프들이 처음 배우는 방법이기도 하다. 첫 번째 숟가락으로 크림을 넉넉하게 뜬 후 두 번째 숟가락의 오목한 부분으로 부드럽게 크림을 누르며 두 번째 숟가락으로 옮겨 뜬다. 부드럽게 크림을 양쪽 숟가락으로 옮기며 끝이 살짝 뾰족한 매끄러운 달걀 모양으로 만든다.

오른쪽 사진에서 보여주는 방법은 숟가락을 하나만 사용하는 더 현대적인 방법으로 전문 용어로 로셰(rosher)라고 부른다. 숟가락 하나로도 매끄러운 달걀 모양을 만들 수 있다.

숟가락 하나를 사용할 때는 따뜻한 물을 담은 컵과 디저트 스푼을 하나 이상 준비한다. 은 숟가락을 사용하면 좋겠지만 현실적이지 않으므로 깊고 동그란 모양을 쉽게 낼 수 있는 '퀴넬용 스푼'을 구입하는 것도 좋은 방법이다. 하지만 디저트 스푼으로도 충분하다. 이 방법을 쓸 때 물의 온도가 중요한데, 크림이 숟가락에서 분리될 정도로 따뜻하되 녹을 정도로 뜨겁지 않아야 한다.

연습에 도움 될 만한 한 가지 팁을 알려주자면, 옆면이 단단하고 높은 사각형 혹은 직사각형의 통을 사용하는 것이다. 사실 어떤 모양의 통도 상관없지만 사각형 통을 이용하면 가장자리가 날렵한 퀴넬을 완성할 수 있다.

뜨거운 물에 담근 디저트 스푼을 꺼내어 물기를 털어내고 즉시 스푼을 옆으로 기울여 크림에 푹 담근다. 디저트 스푼을 통의 한쪽 면을 향해 한 번에 부드럽게 훑는다(**A**). 이때 매끄러운 손놀림이 중요하다. 한쪽 면을 향해 움직이는 동안 크림이 달걀 모양처럼 매끄럽게 말려야 한다. 스푼을 크림이 담긴 통의 한쪽 면으로 밀어붙이며 크림을 뜬다. 만약 퀴넬 모양이 마음에 들지 않는다면 다시 통에 집어넣어 따뜻한 스푼을 돌려가며 가장자리를 매끄럽게 만든다.

원하는 모양이 나오면 스푼의 밑 부분을 손바닥으로 문지른다(**B**). 크림에 손이 닿지 않으며 스푼을 다시 사용하기 전에 따뜻한 물에 담그므로 걱정할 필요 없다. 약간의 마찰열이 생겨 스푼에서 크림을 쉽게 분리할 수 있다(**C**).

연습할수록 더 그럴듯한 퀴넬 모양을 낼 수 있을 것이다. 노력을 쏟을 만한 가치가 충분하며 완벽하게 매끄럽고 동그란 퀴넬을 보면 만족할 것이다. 티스푼을 이용하면 앙증맞은 퀴넬도 만들 수 있다(**D**).

A

B

C

D

스페리피케이션

'스페리피케이션(spherification)'은 아름다운 가니시를 만들 때나 핫 사케 젤리 샷(152쪽) 같은 디저트를 만들 때 꼭 필요한 현대 기법이다. 유명한 스페인 셰프 페란 아드리아가 개발한 이 기술은 다양한 맛의 액상을 완벽한 구체로 만드는 요리 과정이다. 구체는 보기에 아름다울 뿐만 아니라 먹었을 때 더 짙은 풍미를 느끼게 해준다.

스페리피케이션은 기본적으로 두 가지 방법이 있는데, 포워드 스페리피케이션과 리버스 스페리피케이션이다. 오른쪽의 사진에서 보이는 것처럼 포워드 방법은 훨씬 쉽게 시도할 수 있으며 디너파티에서 훌륭한 볼거리를 제공해 줄 것이다. 준비하기도 쉽고 결과물도 훌륭하기 때문에 수년 전 학생들에게 이 방법을 가르쳤을 때 아주 반응이 좋았다. 전문 용어를 생략하고 최대한 간단히 설명하겠지만, 사실 작업에 필요한 도구와 재료만 있으면 꽤 간단한 과정이다.

필요한 재료

스페리피케이션은 알긴산나트륨(미역의 세포벽에서 추출)과 염화칼슘(석회석)의 자연적인 화학 반응이다. 재료·도구 구입처(12쪽)에 소개된 회사들이 판매하는 스페리피케이션 키트에 포함되어 있다. 스페리피케이션에 필요한 숟가락이나 용액을 떨어뜨릴 유리관, 리트머스 시험지 같은 도구도 포함되어 있다. 만약 세트로 구매하지 않는다면 이 도구들을 따로 구매해야 한다. 백설탕도 필요하다. 알긴산나트륨을 액체에 녹일 때 가장 좋은 방법은 핸드 블렌더를 사용하는 것이기 때문에 하나 준비해 두는 것이 좋다. 완성된 작품을 헹궈낼 때 촘촘한 체가 있으면 도움이 된다.

약간의 과학 지식

유산을 포함하지 않고 pH 농도만 적합하다면 모든 향의 액상을 사용해도 좋다. 이 액상과 알긴산나트륨을 섞은 용액의 농도가 pH2에서 pH8 사이여야 한다.

pH 농도를 조절하기 위한 몇 가지 방법이 있다. 예를 들어, 사케나 알코올로 스페리피케이션을 할 때 pH 농도가 7이나 8 정도로 높게 나온다. 따라서 소량의 차가운 설탕 시럽을(물과 설탕을 2:1로 섞어 설탕이 녹을 때까지 가열한다) 넣으면 pH 농도를 중화할 수 있다.

단계별 순서

우선 핸드 블렌더를 이용해 구체화하고자 하는 액상의 절반을 알긴산나트륨과 설탕과 섞는다(**A**). 참고로 152쪽의 레시피에서는 생강 시럽을 사용했다. 액상의 절반만 먼저 섞는 이유는 혼합물이 공기에 덜 노출되어야 예쁜 모양이 나오기 때문이다. 그런 다음 남은 액상도 넣고 젓는다(**B**). 스포이트 같은 피펫이나 스퀴즈 보틀을 이용해 액상을 염화칼슘을 탄 수조에 한 방울씩 떨어뜨린다(**C**). 액상의 성질에 따라 어느 높이에서 떨어뜨려야 하는지 다르기 때문에 원하는 모양이 나올 때까지 여러 번 시도해 보는 것이 좋다. 액상의 막이 형성될 때까지 30초 정도 기다린다. 마지막으로 완성된 구체 액상을 촘촘한 체에 받쳐 깨끗한 물에 헹구어 내어놓는다(**D**).

A

B

C

D

마무리 작업

'눈으로 먼저 맛본다'는 말을 들어보았을 것이다. 특히 이 책에 소개된 몇 가지 레시피처럼 복잡하고 정교한 음식을 만들 때 더 중요하다. 엄청난 시간과 노력을 들이고도 어설픈 모양으로 손님에게 내어놓는 것보다 실망스러운 일은 없다. 전문 페이스트리 셰프라면 분명 높은 수준의 마무리 작업이 쉽겠지만, 그것은 자기만의 스타일을 찾기 위해 수없이 연습하고 실패해 봤기 때문일 것이다. 이 책에서 소개하는 모든 기법에서 가장 중요한 두 가지 요소는 당신이 추구하는 완성작에 대한 충분한 이해와 연습이다. 최종 목표물을 그려두면 완성품을 향해 작업하는데 확실히 도움이 된다. 처음부터 무리하지 않도록 비교적 간단한 레시피부터 시도하길 추천한다. 심플한 장식으로 마무리 작업을 하다 보면 새로운 시도를 하고 싶은 자신감이 생기고 따라서 기술이나 이해력이 향상된다. 디저트의 수준을 한 단계 올려줄 유용한 정보와 요령은 다음과 같다.

러스터파우더&금 · 은박

이 두 가지 재료 모두 디저트에 세련된 마무리를 선사한다. 과하지 않게 소량씩 사용하면 약간의 반짝임이 더해져 세련된 디저트가 된다. 핀셋으로 금박 혹은 은박을 올리고 작은 요리용 붓이나 차 거름망을 이용해 러스터파우더를 흩뿌린다.

프로스팅/더스팅

완성된 디저트에 색을 입히기 아주 좋은 방법이다. 다크초콜릿 디저트나 페이스트리에도 밝은 녹색의 입자가 고운 말차 파우더나 아이싱/슈거파우더를 뿌려주면 훨씬 품위 있어 보인다. 아이싱/슈거파우더는 빨리 녹거나 스며들기 때문에 어떤 디저트 위에 뿌릴 것인지, 손님에게 언제 내어놓을 것인지 미리 염두에 두자. 한 가지 팁을 주자면, 설탕에 소량의 옥수수전분을 섞으면 더 오래 유지할 수 있다. 하지만 손님에게 내어놓기 직전에 가볍게 더스팅하는 것이 가장 좋은 방법이다.

파이핑

요즘은 전문 상점뿐만 아니라 일반 상점에서도 파이핑 작업에 필요한 모든 도구와 재료를 구할 수 있기 때문에 쉽게 시도할 수 있는 기술이다. 주의해야 할 점은 다음과 같다.

- 알맞은 깍지를 사용한다. 디저트에 비해 깍지가 너무 작거나 커서 어설퍼 보이는 경우가 많다.
- 반죽을 짤주머니의 반 이상 채우지 않는다. 그래야 작업하기 수월하며 부족하다면 언제든 더 채워 넣을 수 있다.
- 완성된 디저트에 파이핑하기 전에 연습하고, 연습하고, 또 연습한다. 쿠킹시트에 먼저 연습해 보면 필링이 나오는 속도나 선의 두께 등을 파악할 수 있다.

Ateco

여기에는 슈 번에 쓸 페이스트리, 에클레어나 타르트의 베이스가 될 쇼트크러스트 페이스트리부터 크렘 디플로마, 페이스트, 마멀레이드 같은 필링까지, 앞으로 소개할 레시피에 다양하게 활용될 베이직 레시피들을 모아 소개한다.

슈 페이스트리

슈 페이스트리 혹은 파트 아 슈(pâte à choux)는 가벼운 페이스트리로 프로피테롤, 크림 퍼프부터 에클레어, 파리브레스트, 구제르까지 다양한 전통 과자를 만들 때 사용한다. 페이스트리치고는 특이하게 높은 온도에서 구워야 하기 때문에 슈 페이스트리를 완벽히 익히기 어렵다는 인식이 있다. 하지만 레시피대로 잘 따라 한다면 쉽게 완성할 수 있다. 오븐에서 꺼냈을 때 겉은 황금빛을 띠며 바삭하고 속은 부풀어 거의 빈 상태여야 한다. 식힌 후 맛있는 필링으로 속을 채운다.

재료 | 500g

우유 145ml (살짝 모자란 $^2/_3$컵)
스틱 버터 145g (1$^1/_4$스틱)
소금 $^1/_2$작은술
입자가 고운 설탕 $^1/_2$작은술
바닐라 추출액 1작은술
강력분 145g (1컵)
달걀 4개

- 작은 소스 팬에 물 145ml(살짝 모자란 $^2/_3$컵)와 우유, 버터를 함께 넣고 중불로 끓인다.
- 물과 우유가 끓어오르면 즉시 소금과 설탕, 바닐라 추출액을 넣고 잘 젓는다. 불을 끄고 소스 팬에 밀가루를 한 번에 다 붓는다. 나무 숟가락이나 실리콘 주걱으로 세게 저어 반죽을 매끈한 공 모양으로 만든다.
- 소스 팬을 다시 불 위에 올려 밀가루 반죽을 5분간 가열하되, 팬 밑바닥에 반죽이 달라붙지 않게 저어준다.
- 불을 끄고 뜨거운 페이스트리 반죽에 달걀을 한 번에 1개씩 넣고 충분히 저어 반죽이 매끈하고 부드러우며 윤기가 흐르게 한다. 숟가락으로 살짝 떴을 때 반죽이 부드럽게 흘러내려야 한다.
- 이제 반죽을 짤주머니에 옮겨 담는다. 풀어놓은 달걀을 브러시로 반죽 위에 살짝 발라주면 페이스트리를 구웠을 때 윤기가 돈다.

스위트 쇼트크러스트 페이스트리

진하고 달콤한 이 페이스트리 레시피는 '타르트'(61~75쪽)에 소개한 모든 타르트의 기본이 된다. 맛있는 페이스트리를 만드는 비결은 모든 것을 차갑게 유지하는 것이다. 버터뿐만 아니라 손, 반죽을 밀 작업대 표면도 차가운 것이 좋다.

재료 | 큰 타르트 2개 혹은 작은 타르트 8개

스틱 버터 270g(2½개)
입자가 고운 설탕 180g(1컵-1½큰술)
큰 달걀 2개
중력분 540g(살짝 모자란 4¼컵)

- 큰 믹싱볼에 버터와 설탕을 넣고 나무 숟가락이나 전동 거품기로 섞어 크림처럼 만든다. 재료만 잘 섞였다면 너무 오래 저을 필요는 없다.
- 달걀을 한 번에 1개씩 넣고 완전히 섞일 때까지 젓는다. 마지막으로 밀가루를 넣어 잘 섞되, 반죽을 지나치게 치대지 않도록 주의한다.
- 반죽을 둥글게 빚은 뒤 랩으로 싸서 냉장고에 30분간 넣어둔다. 페이스트리 반죽을 제대로 식히는 과정을 거쳐야 구울 때 줄어들지 않고 반죽을 쉽게 다룰 수 있다.
- 반죽이 준비되면 작업대에 밀가루를 살짝 뿌린 후 타르트 팬에 깔기에 적당한 두께로 민다.

초콜릿 쇼트크러스트 페이스트리

클래식 타르트에 초콜릿이 들어간 버전으로 다크 코코아파우더를 사용해 맛있게 씁쓸한 맛이 매력적이다. 각자 선호하는 필링을 선택해 다양한 조합을 시도해 보자.

재료 | 큰 타르트 2개 혹은 작은 타르트 8개

스틱 버터 270g(2½개)
입자가 고운 설탕 180g(1컵-1½큰술)
큰 달걀 2개
중력분 500g(3¾컵)
엑스트라 다크 코코아파우더 40g(⅓컵)

- 큰 믹싱볼에 버터와 설탕을 넣고 나무 숟가락이나 전동 거품기로 섞어 크림처럼 만든다. 재료만 잘 섞였다면 너무 오래 저을 필요는 없다.
- 달걀을 한 번에 1개씩 넣고 고루 잘 섞일 때까지 젓는다. 마지막으로 밀가루와 코코아파우더를 넣어 부드럽게 섞되, 반죽을 지나치게 치대지 않는다.
- 반죽을 둥글게 빚은 뒤 랩으로 싸서 냉장고에 30분간 넣어둔다. 페이스트리 반죽을 제대로 식히는 과정을 거쳐야 구울 때 줄어들지 않고 반죽을 쉽게 다룰 수 있다.
- 반죽이 준비되면 작업대에 밀가루를 살짝 뿌린 후 타르트 팬에 깔기에 적당한 두께로 민다.

크렘 파티시에

커스터드 크림이라고도 부르는 이 고급스럽고 진한 필링은 모든 파티세리 과자에 활용할 수 있다. 기본 레시피만 완벽히 익히고 나면 말차 파우더나 초콜릿파우더를 더해 다양한 크렘 파티시에를 만들어도 좋다.

재료 | 500g

우유 300ml(1¼컵)
소금 약간
바닐라빈 1깍지
달걀노른자 4개
옥수숫가루 또는 옥수수전분 25g(¼컵)
입자가 고운 설탕 75g(⅓컵+2작은술)

- 소스 팬에 우유와 소금, 바닐라빈을 넣고 끓어오를 때까지 약불-중불로 가열한다.
- 다른 볼에 달걀노른자와 옥수숫가루(또는 옥수수전분), 설탕을 넣고 거품기로 젓는다. 여기에 가열한 우유를 천천히 부으며 완전히 섞여 되직해질 때까지 젓는다.
- 되직해진 반죽을 다시 소스 팬에 붓고 중불로 가열한다. 옥수숫가루/옥수수전분이 호화되어 걸쭉해질 때까지 계속 젓는다.
- 크렘 파티시에를 볼에 옮겨 담고 한 번씩 저으며 완전히 식힌다. 랩으로 덮어 냉장 보관한다.

크렘 디플로마

크렘 파티시에의 풍미를 담고 있지만 질감이 더 가벼운 크림이다. 크렘 디플로마는 내어놓기 직전에 만드는 것이 좋다.

재료 | 600g

식힌 크렘 파티시에 500g
더블/헤비크림 100ml

- 크렘 파티시에를 만들어 완전히 식힌다. 마지막으로 한 번 저어 고루 잘 섞였는지 확인한다.
- 더블/헤비크림을 조금씩 부으며 부드럽게 젓되, 지나치게 많이 젓지 않도록 주의한다. 원하는 농도가 나올 때까지 남은 크림을 조금씩 부어가며 젓는다.
- 크림을 한 번에 조금씩 부어야 덩어리가 생기지 않는다. 차게 식힌 후 바로 내어놓거나 가능하다면 몇 시간 안에 사용한다.

아몬드밀크&체리블라썸 잼

이 만능 잼은 냉장 보관하기 좋을 뿐만 아니라 다양한 조합으로도 훌륭하게 어울린다.

필요한 도구

전자저울

재료 | 작은 1병

무당 아몬드 우유 300ml(1¼컵)
입자가 고운 설탕 2½큰술
아몬드파우더 50g(½컵)
체리블라썸 향 젤란검 2~3방울(총 중량의 1.5%, 설탕과 충분히 섞는다, 1작은술)
잼을 섞을 때 필요한 소량의 아몬드 우유

- 아몬드 우유와 설탕, 아몬드파우더를 소스 팬에 넣고 끓을 때까지 젓는다. 불을 끄고 20분 동안 향이 스며들도록 기다린다.
- 끓인 아몬드 우유를 체로 거른 후 무게를 재고 무게의 1.5%를 계산해 젤란의 무게를 정한다(예를 들어, 액체의 무게가 300g이면 4.5g의 젤란이 필요하다). 젤란에 소량의 설탕을 넣고 섞은 다음, 우유를 소스 팬에 다시 붓고 끓을 때까지 강불로 가열한다. 체리블라썸 향료를 2~3방울 떨어뜨려 젤란과 완전히 섞일 때까지 젓는다.
- 트레이나 통에 랩을 깔고 재료를 부어 완전히 식을 때까지 기다린다. 식고 나면 믹서나 핸드 블렌더로 가는데, 이때 아몬드 우유를 소량 섞어주며 원하는 농도로 만든다. 잼에 덩어리가 남아 있을 경우 옆면을 긁으면서 계속 갈면 덩어리가 사라진다. 깨끗하게 소독한 병에 잼을 담고 밀폐한 후 냉장 보관한다.

말차 커드

말차 커드는 쿠안 아망(54쪽)이나 스콘(58쪽)과 함께 곁들이기에 완벽하다.

재료 | 250g

우유 150ml(⅔컵)
연유 50g(살짝 모자란 ¼컵)
말차 파우더 20g(3큰술)
달걀노른자 4개
달걀 2개
입자가 고운 설탕 50g(¼컵)
버터 50g(3½큰술)

- 소스 팬에 우유와 연유, 말차 파우더를 넣고 섞는다. 우유가 끓을 때까지 강불로 가열한다.
- 별도의 볼에 달걀노른자와 달걀, 설탕을 넣고 잘 저어준다.
- 달걀이 담긴 볼에 뜨거운 우유를 붓고 완전히 섞일 때까지 젓는다. 다시 소스 팬에 부은 후 중불로 가열하여 끓을 때까지 젓는다.
- 걸쭉해질 때까지 2~3분간 저으며 약불로 끓인다. 불을 끄고 커드를 볼에 옮겨 담는다. 버터를 잘라 넣고 완전히 녹을 때까지 젓는다. 우유가 액체와 고체로 분리된 듯 보이면 (정상적인 현상이다) 푸드 프로세서나 핸드 블렌더로 알맞게 유화한다.
- 완성된 말차 커드를 깨끗한 병에 담아 식힌 후 냉장 보관한다.

팥 페이스트

일본 식료품점에서 달콤한 팥 페이스트를 구매할 수 있지만, 찾기 어렵거나 직접 만들고 싶다면 다음 레시피를 참고하자.

재료 | 80g

건조 팥 200g
입자가 고운 설탕 100g(1/2컵)

- 하룻밤 동안 팥을 물에 불린다.
- 물을 버리고 팥을 깨끗이 헹군 다음 설탕, 깨끗한 물과 함께 큰 소스 팬에 담는다. 팥이 끓으면 불을 약하게 줄인다.
- 소스 팬의 뚜껑을 닫고 약불로 60~90분 정도 끓이며 필요에 따라 물을 더 채워준다. 팥이 부드러워 손가락으로 쉽게 으깰 수 있을 때까지 푹 익힌다.
- 팥을 믹서에 넣고 갈아 부드러운 퓌레로 만든다. 퓌레를 촘촘한 체에 걸러 최대한 부드럽게 만든다.

금감&금귤 마멀레이드

신선한 금감&금귤 마멀레이드는 농도가 묽은 편이지만 놀라울 정도로 맛이 좋다. 마지막 조리 단계에 일본 위스키를 60ml(1/4컵) 정도 넣어도 좋다.

필요한 도구

모슬린/치즈클로스와 조리용 실
깨끗한 병

재료 | 작은 병 1개

금감 150g
금귤 150g
레몬 1개를 짠 즙
설탕 450g(2 1/4컵)

- 금감과 금귤을 모두 반으로 잘라 준비한다. 체에 받쳐 씨와 흰 막을 걸러낸다. 과즙은 별도의 볼에 따로 모아둔다. 체로 거른 씨와 내용물은 모슬린이나 치즈클로스에 싸서 조리용 실로 묶는다.
- 큰 소스 팬에 레몬즙과 설탕을 붓는다. 물 600ml(2 1/2컵)와 금감과 금귤의 과즙, 모슬린/치즈클로스로 싼 내용물을 함께 넣는다. 소스 팬의 뚜껑을 연 채로 1시간 30분 정도 약하게 끓이면 내용물이 졸아들어 걸쭉해진다. 거품은 말끔히 걷어낸다.
- 마멀레이드의 농도를 확인하기 위해 미리 접시를 냉동실에 넣어둔다. 마멀레이드가 완성되면 한 숟가락을 떠서 아주 차가운 접시에 올리고 손가락으로 선을 그어본다. 마멀레이드가 다시 틈을 메우지 않고 접시의 밑바닥이 보이면 완성이다. 그렇지 않다면 조금 더 끓인다.
- 마멀레이드를 식힌 후 깨끗하게 소독한 병에 담에 냉장 보관한다.

이 장에서는 일인분의 전통 파티세리뿐만 아니라 독특하고 현대적인 디저트들도 소개한다. 파리브레스트, 쿠안 아망, 에클레어, 스콘 등은 빵만 내어놓아도 좋고 애프터눈 티와 함께 내어놓아도 어울린다.

말차&핑크 페퍼콘, 산딸기 마들렌

버터 풍미 가득한 조개 모양의 프랑스식 스펀지케이크인 마들렌은 내어놓기 직전에 굽는 것이 가장 좋다. 말차 파우더는 아름다운 녹색을 선사할 뿐만 아니라 달콤함도 더해준다. 산딸기를 구하기 힘들다면, 블루베리나 라즈베리 같은 작은 베리류를 사용해도 좋다.

필요한 도구

12개짜리 조개 모양 마들렌 틀(오일 스프레이를 뿌려둔다)
짤주머니와 큰 사이즈의 기본 깍지(선택)

재료 | 12개

버터 150g($1\frac{1}{4}$스틱)
아몬드파우더 50g($\frac{1}{2}$컵)
말차 파우더 $\frac{3}{4}$큰술
중력분 50g($\frac{1}{3}$컵)
달걀흰자 150g
그래뉴당(정제당) 150g($\frac{3}{4}$컵)
핑크 페퍼콘 파우더 $\frac{1}{2}$큰술
산딸기 24개
딸기잼 혹은 커드(선택)

- 우선 뵈르 누아제트(beurre noisette, 태운 버터)를 만든다. 버터를 적당한 크기로 잘라 작은 냄비에 넣고 중강불로 5~7분 정도 버터가 녹아 끓을 때까지 가열한다. 냄비 바닥의 녹은 버터가 갈색빛이 돌아야 한다. 버터가 타서 색이 너무 짙어지지 않게 주의한다. 열기에 강한 그릇에 가열한 버터를 즉시 담고 따뜻해질 때까지 식힌다.
- 볼에 아몬드파우더와 말차 파우더, 밀가루를 함께 체로 쳐낸다. 별도의 볼에 달걀흰자와 그래뉴당을 넣고 거품이 날 때까지 잘 젓는다. 여기에 체로 쳐낸 가루 재료와 따뜻한 뵈르 누아제트, 핑크 페퍼콘 파우더를 넣고 덩어리가 없어질 때까지 잘 섞는다. 완성된 반죽을 냉장고에 최소 1시간 정도 보관한다.
- 오븐을 180℃로 예열한다.
- 마들렌 틀에 오일 스프레이를 뿌리고 식은 마들렌 반죽을 짤주머니에 담는다. 마들렌 틀이 찰 정도로 반죽을 짠다. 짤주머니가 없을 때는 숟가락을 이용해 반죽을 채워도 된다. 마들렌 하나당 산딸기 2개씩 중앙에 올린다. 마들렌이 보기 좋게 부풀어 황금빛이 도는 녹색이 될 때까지 예열된 오븐에서 10~12분 정도 굽는다.
- 오븐에서 마들렌 틀을 꺼내 1분 동안 식힌다. 틀에서 마들렌을 꺼내어 아직 따뜻할 때 딸기 잼이나 커드와 함께 내어놓는다.

몽블랑

전통적인 프렌치 파티세리인 몽블랑은 눈으로 덮인 산과 닮아서 붙여진 이름이다. 전통적인 사블레 브르통(sablé breton, 프랑스식 버터 쿠키) 레시피로 몽블랑의 베이스를 만들어 맛을 더 돋울 것이다.

필요한 도구

거품기와 주걱이 포함된 스탠드 믹서
8cm짜리 타르트 팬 6개
반구 모양 몰드 6개
짤주머니, 플레인 깍지, 몽블랑 깍지

재료 | 6개

사블레 브르통 베이스

달걀노른자 3개
메이플 슈거 80g(살짝 모자란 1/2컵, 메이플 슈거를 구하기 어렵다면 데메라라 설탕 혹은 터비나도 설탕을 사용해도 좋다)
스틱 버터 80g(3/4개)
다목적 밀가루 110g(3/4컵+1 1/2큰술)
베이킹파우더 3/4큰술

몽블랑 필링

휘핑/헤비크림 100g(살짝 모자란 1/2컵)
마스카르포네 치즈 100g(살짝 모자란 1/2컵)
바닐라빈 2깍지
아이싱/슈거파우더 100g(살짝 모자란 3/4컵)

밤 페이스트

밤 크림 200g(3/4컵)
밤 퓌레 200g(3/4컵)
다크럼 3 1/2큰술

데커레이션

마롱글라세(설탕에 조린 밤)
금박(선택)
아이싱/슈거파우더

- 오븐을 160℃로 예열한다.
- **사블레 브르통 만들기 :** 거품기를 장착한 스탠드 믹서의 볼에 달걀노른자와 메이플 슈거를 넣고 잘 섞은 후 버터와 밀가루, 베이킹파우더를 넣고 매끄러운 반죽이 될 때까지 잘 섞는다.
- 타르트 팬 6개에 반죽을 손으로 눌러 빈 곳 없이 일정한 두께로 깐다. 사블레 브르통을 예열된 오븐에 10~12분 정도 노릇노릇하게 굽는다. 오븐에서 꺼내어 식힌다.
- **몽블랑 필링 만들기 :** 거품기를 이용해 모든 재료를 적당히 빽빽한 정도로 잘 섞는다. 플레인 깍지를 끼운 짤주머니에 옮겨 담은 후, 반구 모양 몰드 6개에 필링을 짠다. 높이를 맞추고 2시간 정도 혹은 완전히 얼 때까지 필링을 냉동실에 넣어둔다.
- **밤 페이스트 만들기 :** 모든 재료를 잘 섞은 후, 몽블랑 노즐을 끼운 짤주머니에 옮겨 담는다. 디저트를 쌓을 준비가 될 때까지 놔둔다.
- 사블레 브르통을 접시에 올리고 얼린 몽블랑 필링을 반구 모양 몰드에서 빼낸다. 몽블랑 필링을 사블레 브르통 위에 하나씩 올린다.
- 디저트의 베이스부터 필링의 꼭대기까지 몽블랑 주위로 원을 그리듯 밤 페이스트를 짠다. 남은 5개의 디저트도 반복한다. 디저트 위에 마롱글라세를 올려 마무리하고 작은 금박 조각을 올리거나 아이싱/슈거파우더를 뿌려 마무리해도 좋다.

통카빈, 밀크초콜릿&라즈베리 디저트

TV 프로그램인 〈그레이트 브리티시 베이크 오프(the Great British Bake off)〉에서 만든 코코넛 조콩드 스펀지 베이스에 라즈베리, 블러드오렌지 젤리, 부드러운 초콜릿 무스가 어우러진 프랑부아즈를 재해석한 것이다. 그레이엄 마이어스에게 바친다.

필요한 도구

슈거 온도계
큰 몰드 4개, 인서트용 몰드 4개
베이킹시트, 유산지
짤주머니, 플레인 깍지
마이크로 스펀지 만들 때 필요한 에스푸마 건, 폴리스티렌 컵(선택)

재료 | 4개

블러드오렌지&라즈베리 젤리
그래뉴당 25g($1\frac{3}{4}$큰술)
씨 없는 라즈베리 퓌레 160g(부아롱Boiron 제품을 사용했다)
가정용 젤라틴 3장 혹은 상업용 젤라틴 $1\frac{1}{2}$장
블러드오렌지즙 $2\frac{3}{4}$큰술

치즈케이크 크림
휘핑/헤비크림 150ml($\frac{2}{3}$컵)
마스카르포네 치즈 500g(2컵)
타히티안 바닐라 1깍지
가정용 젤라틴 4장 혹은 상업용 젤라틴 2장
트리몰린 전화당 60g(3큰술)

코코넛 조콩드 스펀지
말린 코코넛 185g($2\frac{1}{3}$컵)
아이싱/슈거파우더 185g(살짝 모자란 $1\frac{1}{3}$컵)
달걀 5개
다목적 밀가루 50g($\frac{1}{3}$컵)
달걀흰자 5개
그래뉴당 25g($1\frac{3}{4}$큰술)
녹인 버터 45g($3\frac{1}{4}$큰술)

초콜릿&통카빈 무스
더블/헤비크림 500ml(2컵 가득)
통카빈 에센스 혹은 갓 간 통카빈 1작은술
밀크초콜릿 1kg
세미 휩 상태의 휘핑/헤비크림 500ml(2컵 가득)

라즈베리 에스푸마 스펀지 가니시(선택)
그래뉴당 80g($\frac{1}{3}$컵)
케이크용 밀가루(다목적 밀가루로 대체해도 좋다) 210g($1\frac{1}{2}$컵)
달걀흰자 240g
라즈베리 파우더(온라인에서 구매 가능) 60g($\frac{2}{3}$컵)
아이싱/슈거파우더 50g($\frac{1}{3}$컵)

레드 초콜릿 스프레이
시중에 파는 레드 초콜릿 벨벳 에어로졸 스프레이
혹은 파티세리용 스프레이 건이 있다면 :
화이트초콜릿 300g
코코아 버터 200g
빨간색 코코아 버터 색소 50g
템퍼링한 초콜릿 조각(장식용)

- **블러드오렌지&라즈베리 젤리 만들기 :** 소스 팬에 라즈베리 퓌레의 $^{1}/_{3}$과 설탕을 넣고 중강불로 가열한다. 팬에 슈거 온도계를 넣고 끓을 때까지 기다린다. 퓌레가 끓기 시작하면 남은 라즈베리 퓌레를 모두 넣고 온도가 90℃로 올라갈 때까지 가열한다. 팬을 불에서 내린다. 찬물에 담근 젤라틴의 물기를 짜낸 후, 블러드오렌지즙과 섞는다. 젤리를 어느 정도 식힌 후 4개의 인서트용 몰드에 $^{1}/_{2}$ 높이까지 채운다. 냉장고에 1~2시간 정도 넣어둔다.

- **치즈케이크 크림 만들기 :** 휘핑/헤비크림을 $3^{1}/_{2}$큰술만 남겨두고 나머지는 적당히 빽빽한 상태가 될 때까지 휘젓는다. 깨끗한 볼에 마스카르포네 치즈와 바닐라빈 씨앗, 따뜻한 물 1큰술에 녹인 젤라틴, 남겨두었던 휘핑/헤비크림 $3^{1}/_{2}$큰술, 트리몰린 전화당을 넣고 섞는다. 앞서 휘저어놓은 휘핑/헤비크림을 넣고 부드럽게 섞은 후 젤리 위로 인서트용 몰드에 붓고 냉장고에 1~2시간 정도 넣어놓는다.

- **코코넛 조콩드 스펀지 만들기 :** 코코넛 조콩드 스펀지는 디저트의 베이스 역할을 한다. 말린 코코넛과 아이싱/슈거파우더, 달걀 5개를 믹싱볼에 넣고 거품이 날 때까지 핸드 블렌더로 잘 섞는다. 밀가루도 넣고 뭉치지 않도록 잘 섞는다.

- 오븐을 210℃로 예열한다.

- 별도의 볼에 달걀흰자를 넣고 핸드 블렌더로 소프트 픽(soft peak) 상태가 될 때까지 젓는다. 믹서의 속도를 높이고 설탕을 천천히 나눠 넣으며 머랭이 단단하고 윤기가 돌도록 만든다. 머랭을 달걀과 밀가루 반죽에 넣고 잘 섞은 후 녹인 버터도 넣는다. 준비된 베이킹시트에 케이크 반죽을 일정한 두께로 펼친다. 예열된 오븐에 8분 혹은 살짝 부풀어 오를 때까지 굽는다. 오븐에서 꺼낸 후 베이킹시트를 새로운 베이킹시트 위에 거꾸로 엎고, 유산지를 벗겨낸다.

- **초콜릿&통카빈 무스 만들기 :** 소스 팬에 더블/헤비크림과 통카빈 에센스를 넣고 끓을 때까지 중불로 가열한다. 불에서 소스 팬을 내리고 밀크초콜릿에 붓는다. 크림의 열기가 초콜릿을 녹일 때까지 1분 정도 기다린 후, 부드러운 가나슈 상태가 되도록 저어준다. 잠시 식히고 빽빽한 상태로 저은 휘핑/헤비크림을 섞는다. 짤주머니에 옮겨 담고 냉장고에 넣어 보관한다.

- **라즈베리 에스푸마 스펀지 가니시 만들기(선택) :** 모든 재료를 섞어 에스푸마 건에 넣고 가스를 2개 끼운다. 폴리스티렌 컵에 반죽을 짜넣고 전자레인지에 40초 정도 돌린다. 전자레인지에서 컵을 꺼내어 완성된 스펀지 가니시를 알맞은 크기로 자른다.

- 라즈베리 젤리와 치즈케이크 크림을 몰드에서 꺼내어 랩으로 싼 후 다시 냉동실에 보관한다. 모든 재료와 도구들을 옆에 준비해 두자. 큰 몰드를 조콩드 스펀지 위에 올리고 디저트의 베이스가 될 스펀지를 네 조각 잘라낸다.

- 큰 몰드에 초콜릿 무스를 소량 짜넣고 작은 메탈 스패출러로 몰드의 표면에 골고루 펴 바른다(**A**). 초콜릿 무스를 몰드의 $^{2}/_{3}$ 높이까지 구석구석 채운다. 작업대 위로 톡톡 내려쳐서 기포를 없앤다.

- 얼린 치즈케이크와 젤리를 각 몰드의 중앙에 올린다(**B**). 조심스럽게 눌러 제대로 고정한다. 초콜릿 무스를 몰드의 가장자리에 소량 더 채우고 다시 기포가 생기지 않도록 작업대 위로 톡톡 친다. 잘라둔 조콩드 스펀지케이크를 위에 올리고(**C**), 조심해서 누른 다음 1~2시간 정도 냉동실에 보관한다.

- 완성되면 몰드에서 디저트를 조심히 꺼내어 유산지에 올린다. 전문가용 스프레이 건이 있다면 전자레인지를 사용하거나 중탕하여 화이트초콜릿과 코코아 버터, 빨간 색소를 따로 녹인다. 녹인 초콜릿과 코코아 버터를 한데 섞고 난 후, 빨간 색소도 넣고 젓는다. 스프레이 건에 넣어 바로 사용하거나 시중에 판매하는 벨벳 에어로졸 스프레이로 디저트 전체에 색을 입힌다(**D**).

- 녹인 초콜릿으로 작은 점을 찍은 에스푸마 스펀지(선택)와 템퍼링한 초콜릿 조각으로 완성된 디저트를 장식한다.

크라클랑과 바닐라 커스터드를 넣은 말차 슈

꾸밈없는 깔끔한 단맛을 자랑하는 이 디저트를 싫어할 사람은 아마 없을 것이다. 크라클랑(craquelin, '슈거브레드'라고도 한다)은 끝내주게 달콤한 반죽으로 만든 토핑이다. 슈 번이 구워지는 동안 토핑이 팽창하고 갈라져 바삭한 식감을 준다. 슈 번을 둘러싸는 화이트초콜릿 링을 꼭 만들 필요는 없지만 멋진 장식이 될 것이다. 각 구성요소는 사전에 따로 만들어 놓아도 된다.

필요한 도구

5cm짜리 라운드 쿠키커터
플레인 깍지를 끼운 짤주머니 3개
베이킹시트와 유산지
아세테이트 롤
6cm짜리 케이크 링
전자 온도계(초콜릿 템퍼링 작업할 때)

재료 | 8개(슈 번 16개)

크라클랑 토핑
부드러운 버터 50g(3½큰술)
갈색 정제 설탕 50g(¼컵)
다목적 밀가루 50g(⅓컵)
아몬드파우더 25g(¼컵)
바다 소금 ¾작은술
말차 파우더 30g(깎아서 5큰술)

슈 번
슈 페이스트리 ½ 분량(24쪽)
말차 파우더(더스팅용)

바닐라 크렘 디플로마 필링
크렘 디플로마 1 분량(28쪽)

말차 퐁당
퐁당 아이싱/슈거파우더 300g(2컵+2큰술)
말차 파우더 20g(3½큰술)

템퍼링한 초콜릿 링(선택)
녹색 코코아 버터 색소
템퍼링한 화이트초콜릿 300g(14쪽)

- **크라클랑 토핑 만들기** : 믹싱볼에 모든 재료를 넣고 나무 숟가락으로 저어 부드러운 반죽을 만든다. 반죽을 유산지 2장 사이에 넣고 2mm 두께로 민다. 유산지 사이에 끼운 반죽이 자를 수 있을 정도로 단단해질 때까지 냉동실에 20분 정도 보관한다. 5cm짜리 쿠키커터를 이용해 원 16개를 찍어낸다. 원 모양 반죽을 랩으로 감싸서 다시 냉동실에 보관한다.
- 오븐을 170℃로 예열한다.
- **슈 번 만들기** : 24쪽을 참고하여 슈 페이스트리를 준비한다. 페이스트리의 농도가 적당해지면 짤주머니에 옮겨 담는다. 베이킹시트에 일정한 간격을 두고 16개의 작고 둥근 공 모양으로 짠다. 필요에 따라 틀을 사용해도 좋다. 슈가 부풀어 올랐을 때 초콜릿 링 안에 들어가려면 지름이 4cm를 넘지 않도록 한다.
- 공 모양의 슈 페이스트리 위에 얼린 크라클랑을 1장씩 올린다. 예열한 오븐에 넣고 슈의 표면이 완벽히 노릇노릇해지고 부풀어 오를 때까지 20분 정도 굽는다. 완성된 슈 번을 식힘망 위에 올려둔다.
- **바닐라 크렘 디플로마 필링 만들기** : 28쪽을 참고하여 크렘 디플로마를 준비한다. 짤주머니에 옮겨 담고 필요할 때까지 냉장 보관한다.
- **말차 퐁당 만들기** : 퐁당 아이싱/슈거파우더와 말차 파우더, 물 1큰술 정도를 함께 섞어 되직하지만 짤 수 있을 정도의 농도로 만든다. 짤주머니에 옮겨 담는다.
- **화이트초콜릿 링 만들기(선택)** : 초콜릿 템퍼링 작업이 끝나자마자 바로 시작해야 하므로 모든 도구를 옆에 준비해 둔다. 아세테이트지를 15cm 길이로 10장 자른다(총 8개의 링을 만들지만 여분이 있으면 유용하다).

- 14쪽을 참고하여 초콜릿을 템퍼링한다. 템퍼링 작업이 끝난 초콜릿 50g을 따로 분리해 두고 나머지 초콜릿에 녹색 코코아 버터 색소를 몇 방울 떨어뜨려 원하는 색상이 나올 때까지 젓는다. 페이스트리 브러시를 이용해 아세테이트지 안쪽 면의 자연스러운 곡선을 따라 녹색 초콜릿으로 긴 줄을 긋는다. 건조될 때까지 몇 분간 기다린다.

- 건조되면 팔레트 나이프/메탈 스패출러로 충분한 양의 화이트초콜릿을 녹색 위로 고르게 펴 바른다. 까다로운 과정이므로 한 번에 2개 이상은 작업하지 않는다(**A**). 초콜릿이 고정될 때까지 잠시 기다린 후 초콜릿이 안쪽으로 가도록 둥글게 만다(**B**). 열린 끝을 아직 살짝 끈끈한 초콜릿 쪽으로 밀어 넣어 경계선을 깔끔하게 만든다. 초콜릿으로 덮인 아세테이트지를 메탈 케이크 링에 끼워 넣는다(**C**). 같은 방법으로 8개를 만들고 냉장고에 보관한다.

- 슈 번의 아랫면에 작은 구멍을 뚫고 바닐라 크렘 디플로마 필링을 충분히 넣는다. 메탈 케이크 링에서 초콜릿을 빼내되, 아세테이트지는 아직 제거하지 않는다.

- 슈 번에 말차 파우더로 더스팅한다. 번 하나를 화이트초콜릿 링 한쪽에 조심스럽게 넣고 반대편으로 말차 퐁당을 채워 넣는다. 말차 퐁당 위로 또 다른 슈 번을 올려 샌드위치처럼 2개의 슈 번 사이에 퐁당이 오도록 만든다(**D**). 중간에 있는 말차 퐁당이 나머지 재료들을 함께 고정시키는 역할을 한다.

- 이제 화이트초콜릿 링을 감싼 아세테이트지를 조심해서 제거한다. 아세테이트지가 초콜릿을 지지해 주는 역할을 하므로 필링을 채워 넣기 전에는 절대 제거하지 않는다. 모든 재료가 고정되도록 냉장고에 1시간 정도 보관 후 디저트를 내어놓는다.

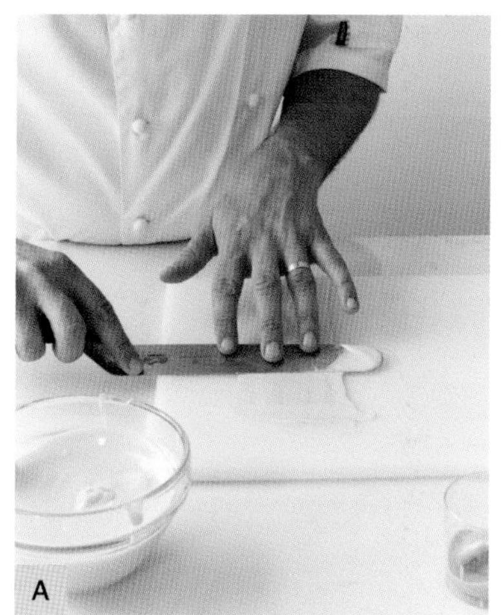
A

B

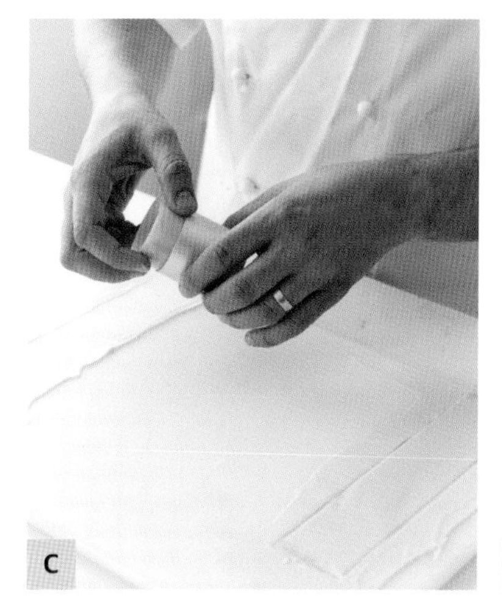
C

D

레몬&유자 에클레어

톡 쏘는 듯한 상쾌한 향의 유자즙이 클래식한 프렌치 에클레어에 놀라운 맛을 더해준다. 조금만 노력을 들이면 훌륭한 결과물을 맛볼 수 있을 것이다.

필요한 도구

짤주머니 2개
큰 사이즈 별 모양 깍지, 작은 플레인 깍지
베이킹시트, 유산지

재료 | 8개

슈 페이스트리 ½ 분량(24쪽)
달걀노른자 1개(글레이즈용)

유자&레몬 크림
유자즙 300ml(1¼컵)
갓 짠 레몬즙 소량
바닐라빈 1깍지
달걀노른자 4개
옥수숫가루/옥수수전분 25g(¼컵)
입자가 고운 설탕 75g(⅓컵+2작은술)
소금 한 꼬집
부드러운 스틱 버터 30g(¼개)
더블/헤비크림 100ml(살짝 모자란 ½컵)

화이트초콜릿&유자 퐁당
유자즙 200ml(¾컵)
레몬즙 약간(레몬 ½개)
입자가 고운 설탕 80g(½컵-1큰술)
잘게 썬 화이트초콜릿 50g
시중에 판매하는 퐁당 데운 것 200g
노란색 식용 색소 몇 방울(선택)
녹인 화이트초콜릿, 초콜릿 디스크, 은박(선택)

- 24쪽을 참고하여 슈 페이스트리를 준비한다. 숟가락으로 떠서 떨어뜨릴 때 소량의 반죽이 떨어지는 정도의 농도가 되면 큰 별 모양 깍지를 끼운 짤주머니에 옮겨 담는다.

- 오븐을 200℃로 예열한 후 짤주머니를 비스듬히 잡고 베이킹시트에 12cm 길이로 8개의 반죽을 일정한 간격으로 곧게 짠다. 제대로 부풀지 않을 수도 있으므로 슈를 너무 납작한 모양으로 짜지 않도록 주의한다. 브러시를 이용해 잘 풀어놓은 달걀노른자를 반죽에 바르고 예열한 오븐에 10~15분 정도 혹은 노릇노릇하게 부풀어 오를 때까지 굽는다. 완성된 슈를 식힘망에 올려둔다.

- **유자&레몬 크림 만들기 :** 작은 소스 팬에 유자즙과 레몬즙, 바닐라빈을 넣고 끓인다. 믹싱볼에 달걀노른자와 옥수숫가루/옥수수전분, 설탕, 소금을 넣고 섞는다. 끓는 유자즙을 천천히 재료에 부으며 완전히 녹을 때까지 젓는다. 잘 섞인 재료를 다시 팬에 부어 중불로 가열한다. 옥수숫가루/옥수수전분이 호화할 때까지 2~3분 정도 가열하며 계속 젓는다. 재료를 볼에 붓고 식히는 동안 한 번씩 젓다가 어느 정도 식고 나면 버터를 넣고 젓는다. 재료가 완전히 식으면 더블/헤비크림을 넣고 잘 섞는다. 유자와 레몬 크림을 플레인 깍지를 끼운 짤주머니에 담고 냉장고에 보관한다.

- **화이트초콜릿과 유자 퐁당 만들기 :** 작은 소스 팬에 유자즙과 레몬즙, 설탕을 넣고 양이 반으로 졸아들어 시럽이 될 때까지 15~20분 동안 끓인다. 불에서 내려 식힌다. 그동안 약하게 끓고 있는 물이 담긴 팬 위로 화이트초콜릿을 담은 내열성 볼을 올린다. 볼의 바닥이 물에 닿지 않도록 주의한다. 녹은 초콜릿에 따뜻하게 데운 퐁당을 넣고 젓는다. 식은 유자 시럽을 넣고 필요에 따라 미묘한 색을 더해주기 위해 노란 색소를 몇 방울 떨어뜨린다.

- 식은 슈의 아랫면에 작은 구멍 2개를 뚫고 조심스럽게 유자&레몬 크림을 넣어 중앙에서 만나도록 한다. 에클레어를 화이트초콜릿과 유자 퐁당에 살짝 담그고 가장자리를 깔끔하게 닦아낸다. 에클레어를 냉장고에 5분 동안 넣어둔다.

- 녹은 화이트초콜릿으로 얇은 선을 그린다. 화이트초콜릿 디스크나 은박 조각을 올려도 좋다.

헤이즐넛 프랄린&팥 무스 파리브레스트

프렌치 페이스트리 디저트계의 전설과 같은 파리브레스트에 팥 페이스트 무스를 더해 일본식 요소를 가미했다. 31쪽을 참고해 팥 페이스트를 직접 만들어도 좋고 온라인에서 판매하는 제품을 사용해도 좋다. 클래식한 헤이즐넛 프랄린 무스와 어우러져 아름답고 훌륭한 디저트가 완성된다.

필요한 도구

7.5cm짜리 라운드 쿠키커터
5.5cm짜리 라운드 쿠키커터
짤주머니 3개
큰 사이즈 플레인 깍지 1개
별 모양 깍지 2개
베이킹시트 2개, 유산지

재료 | 8개

바닐라 크런치 토핑
부드러운 버터 50g(3½큰술)
갈색 정제 설탕 50g(¼컵)
다목적 밀가루 50g(⅓컵)
아몬드파우더 25g(¼컵)
바다 소금 ¾작은술
바닐라빈 ¼깍지

슈 링
슈 페이스트리 ½ 분량(24쪽)

헤이즐넛 프랄린 무스&팥 무스
우유 70ml(약간 모자란 ⅓컵)
입자가 고운 설탕 60g(¼컵)
바닐라 추출액 1작은술
상업용 젤라틴 3장 혹은 가정용 젤라틴 6장
헤이즐넛 프랄린 페이스트 65g(약간 모자란 ¼컵)
팥 페이스트 120g(⅔컵)
마스카르포네 치즈 520g(2¼컵)
휘핑/헤비크림 560ml(2½컵)

프랄린 데커레이션
아몬드 플레이크 100g(1¼컵)
아이싱/슈거파우더 200g(1½컵-1큰술, 더스팅용 소량)

- **바닐라 크런치 토핑 만들기** : 모든 재료를 섞어 부드럽고 되직한 반죽을 만든다. 반죽을 유산지 2장 사이에 끼워 2mm 두께로 민다. 유산지로 감싼 채 30분 혹은 자를 수 있을 만큼 단단해질 때까지 반죽을 얼린다. 큰 사이즈의 쿠키커터를 이용해 원 8개를 찍어낸 후, 작은 쿠키커터로 원의 중앙을 다시 잘라내 8개의 링을 만든다(가운데 남는 부분은 버린다). 링을 랩으로 싸서 얼린다.

- 오븐을 200℃로 예열한다.

- **슈 링 만들기** : 24쪽 레시피를 참고하여 슈 페이스트리를 준비한다. 숟가락으로 떠서 떨어뜨릴 때 소량의 반죽이 떨어지는 정도의 농도가 되면 커다란 별 모양 깍지를 끼운 짤주머니에 옮겨 담는다. 7.5cm짜리 슈 페이스트리 링을 각 베이킹시트에 4개씩 총 8개를 짠다. 슈 링 위에 얼린 바닐라 크런치 링을 하나씩 올린다. 예열된 오븐에 슈를 10~15분 정도 노릇노릇하게 부풀어 오를 때까지 굽는다. 오븐에서 베이킹시트를 꺼내어 식힘망에 올린다.

- **헤이즐넛 프랄린 무스와 팥 무스 만들기** : 작은 소스 팬에 우유와 설탕, 바닐라 추출액을 넣고 중불로 가열한다. 끓기 시작하면 불에서 팬을 내리고 차가운 물에 담가놓은 젤라틴을 꺼내 함께 섞는다. 재료를 반으로 나누어 한쪽에는 헤이즐넛 프랄린 페이스트를, 한쪽에는 팥 페이스트를 넣는다. 페이스트가 완전히 섞이도록 잘 젓고 실온에서 식힌다. 마스카르포네 치즈의 반과 휘핑/헤비크림의 반을 각각 넣고 가볍게 휘핑한다. 별 모양 깍지를 끼운 짤주머니 2개에 각각 옮겨 담고 냉장고에 보관한다.

- **프랄린 데커레이션 만들기** : 아몬드 플레이크를 아이싱/슈거파우더에 버무린다. 물기 없는 프라이팬/냄비에 아몬드를 노릇노릇하게 굽는다. 물을 소량 넣고 캐러멜라이즈될 때까지 가열한다. 유산지에 붓고 굳을 때까지 기다린 후 큰 조각 덩어리로 부순다.

- 슈 링을 가로로 자른다. 슈 링의 아랫부분에 헤이즐넛 무스와 팥 무스를 각 다섯 번씩 번갈아 짠다. 무스를 다 채우고 나면 슈 링의 뚜껑 부분을 올리고 아이싱/슈거파우더로 가볍게 더스팅한다. 윗면에 무스를 세 번 더 짜고 프랄린 데커레이션 세 조각을 그 위에 올린다.

말차와 바닐라를 넣은 크런치 캐러멜라이즈 커스터드 번

간단하지만 맛있는 이 페이스트리는 도쿄의 유명한 '커스터드 랩'이라는 곳에서 영감을 받았다. 나만의 레시피를 개발하고 싶을 정도로 맛이 좋았다.

필요한 도구

짤주머니 2개
큰 사이즈 플레인 깍지 1개
작은 사이즈 플레인 깍지 1개
베이킹시트 2개, 유산지
베이킹트레이

재료 | 8개

슈 번
슈 페이스트리 ½ 분량(24쪽 참고)
글레이즈용 달걀노른자 2개

말차 커스터드
우유 300ml(1¼컵)
타히티안 바닐라빈 1깍지
달걀노른자 4개
옥수숫가루/옥수수전분 25g(¼컵)
말차 파우더 1큰술
입자가 고운 설탕 75g(⅓컵)
소금 한 꼬집
부드러운 스틱 버터 30g(¼개)
더블/헤비크림 100ml(약간 모자란 ½컵)

팔미에
시중에 판매하는 퍼프 페이스트리 200g
아이싱/슈거파우더(더스팅용)

- 오븐을 200℃로 예열한다.
- **슈 번 만들기 :** 24쪽 레시피를 참고하여 슈 페이스트리를 준비한다. 숟가락으로 떠서 떨어뜨릴 때 소량의 반죽이 떨어지는 정도의 농도가 되면, 큰 사이즈 플레인 깍지를 끼운 짤주머니에 옮겨 담는다. 베이킹시트 1개에 6cm짜리 공 모양 8개를 일정한 간격으로 짠다. 달걀노른자를 풀어 반죽 위에 바르고 오븐에 10~15분 정도 노릇노릇하게 부풀어 오를 때까지 굽는다. 오븐에서 꺼내어 식힌다.
- **말차 커스터드 만들기 :** 소스 팬에 우유와 바닐라빈 씨앗을 넣고 끓을 때까지 중불로 가열한다. 별도의 볼에 달걀노른자와 옥수숫가루/옥수수전분, 말차 파우더, 설탕, 소금을 넣고 잘 섞는다. 뜨거운 우유를 붓고 되직하게 가루 재료가 모두 섞일 때까지 젓는다. 재료를 다시 팬에 붓고 중불로 가열한다. 옥수숫가루/옥수수전분이 호화할 때까지 2~3분 동안 계속 젓는다. 볼에 옮겨 담고 식을 때까지 한 번씩 젓는다. 몇 분 후 부드러운 버터를 넣고 섞는다. 완전히 식고 나면 더블/헤비크림을 넣어 젓는다. 완성된 말차 커스터드를 작은 플레인 깍지를 끼운 짤주머니에 옮겨 담고 냉장 보관한다.
- **팔미에 만들기 :** 작업대에 아이싱/슈거파우더를 약간 뿌리고 퍼프 페이스트리를 아주 얇게 민다. 가장자리를 잘라 완벽한 사각형을 만든다. 페이스트리 위에 아이싱/슈거파우더를 뿌린 후 롤케이크/롤빵처럼 미는데, 나선의 길이가 슈 번의 아랫면과 비슷해야 한다. 지저분한 끝은 잘라내고 냉장고에 20~30분 넣어둔다. 칼로 롤을 2mm 두께의 원으로 자른다. 20분 동안 냉장 보관한다.
- 다른 베이킹시트에 팔미에를 올린다. 유산지를 덮고 그 위에 다른 베이킹트레이를 올린다. 이렇게 하면 페이스트리가 과하게 부푸는 것을 막을 수 있다. 200℃로 예열된 오븐에 15~20분 정도 노릇노릇해질 때까지 굽는다.
- 슈 번에 구멍을 내고 말차 커스터드 필링을 충분히 넣는다. 팔미에의 아랫부분에 커스터드를 큰 점 모양으로 짜고 슈 번의 구멍이 있는 쪽에 올린다. 남은 슈 번도 같은 방법으로 완성한다.

살구, 타히니&참깨 도넛

따뜻하고 풍성한 맛의 살구가 타히니와 참깨의 고소함과 어우러져 기품 있는 맛의 도넛이 탄생한다.

필요한 도구

반죽기를 꽂은 스탠드 믹서
논스틱 베이킹 유산지 10장(8×8cm)
튀김기 혹은 튀김용 팬
짤주머니, 작은 플레인 깍지

재료 | 10개

도넛
생 이스트 30g 혹은 인스턴트 드라이 이스트 15g
강력분 450g(살짝 모자란 3¼컵)
소금 1작은술
그래뉴당 45g(살짝 모자란 ¼컵)
달걀 푼 것 30g
따뜻한 물 200ml(¾컵)
녹인 버터 45g(3¼큰술)
식물성 오일(튀김용)

살구&타히니 커드
살구즙 혹은 퓌레 150ml(⅔컵)
달걀노른자 4개
달걀 2개
그래뉴당 100g(½컵)
깍뚝 썬 스틱 버터 100g(1개-1큰술)
타히니 50ml(¼컵)
갓 짠 레몬즙 소량

흑임자 슈거
흑임자가루 2큰술과 그래뉴당 200g(1컵) 섞은 것

- **도넛 만들기 :** 생 이스트를 사용한다면 따뜻한 물 3½큰술에 이스트를 녹인다(나중에 더할 200ml의 물에서 사용한다). 거품이 생길 때까지 이스트가 녹도록 15분 정도 기다린다. 그동안 밀가루와 소금, 설탕을 반죽기의 볼에 넣고 반죽한다. 인스턴트 드라이 이스트를 사용한다면, 이때 이스트를 넣는다. 생 이스트를 사용한다면, 이스트와 달걀, 따뜻한 물을 넣는다. 반죽을 치대며 필요에 따라 물을 더 넣는다. 녹은 버터를 넣고 10분 혹은 반죽이 부드럽게 탄력이 생길 때까지 계속 치댄다. 끈적끈적하지만 손에는 붙지 않을 정도여야 한다. 오일을 살짝 바른 볼에 반죽을 넣고 랩으로 덮는다. 반죽이 부풀도록 따뜻한 곳에 1시간 놔둔다.

- 반죽을 40g씩 10개의 덩어리로 나누어 둥근 공 모양으로 빚는다. 유산지에 10개의 반죽을 놓고 트레이에 올린다. 랩으로 느슨하게 덮은 후 따뜻한 곳에서 45~60분 동안 반죽이 두 배로 커질 때까지 기다린다.

- **살구와 타히니 커드 만들기 :** 살구즙 혹은 퓌레와 달걀노른자, 달걀, 설탕을 내열성 볼에 담는다. 재료를 잘 섞은 후, 물이 약하게 끓고 있는 팬 위에 볼을 올린다. 볼의 밑면이 물에 닿지 않도록 주의한다. 중불에서 5분 혹은 혼합물이 되직해질 때까지 젓는다. 불에서 내리고 1분 더 저은 후 깍둑썰기한 버터를 넣는다. 살짝 식힌 후 랩으로 싸서 냉장 보관한다.

- 반죽이 부풀어 오르면 튀김기의 기름을 180℃로 예열하거나 큰 팬에 식물성 기름을 반쯤 붓고 빵가루를 떨어뜨렸을 때 즉시 기름에 뜰 때까지 가열한다. 유산지에 있는 반죽을 뜨거운 기름에 조심히 집어넣는다. 유산지는 금방 기름 위로 떠오르기 때문에 바로 제거하면 된다. 팬 크기에 따라 보통 한 번에 3~4개의 도넛을 튀길 수 있다. 3분 정도 튀기고 중간 부분이 노릇노릇해지면 건지기 스푼으로 뒤집는다. 양면이 같은 색이 될 때까지 튀긴다. 건지기 스푼으로 도넛을 건져 페이퍼타월 위에 올린다. 뜨거운 도넛을 흑임자 슈거 위로 굴려 골고루 묻힌다. 나머지 도넛도 같은 방법으로 완성한다.

- 타히니와 레몬즙을 살구 커드에 넣고 섞은 후 작은 플레인 깍지를 끼운 짤주머니에 옮겨 담는다. 이쑤시개나 꼬치를 이용해 도넛 아랫부분에 작은 구멍을 뚫고 충분한 양의 커드를 집어넣는다. 도넛이 따뜻할 때 내어놓는다.

쿠안 아망

아침식사용으로 훌륭한 쿠안 아망을 만들기 위해서는 반죽을 얇게 미는 기술뿐만 아니라 인내심과 노력도 필요하다. 오븐에서 갓 꺼낸 버터 향 가득한 얇은 여러 겹의 페이스트리를 맛보는 순간 충분히 노력할 만한 가치가 있다고 느낄 것이다. 나는 플레인 버전을 만들었지만, 말차 커드(30쪽)를 곁들이거나 크루아상처럼 섬세한 페이스트리에 필링을 넣어도 좋다. 최상의 결과물을 위해 반죽은 24시간 전에 미리 만들어두자.

필요한 도구

반죽기를 꽂은 스탠드 믹서
8cm짜리 논스틱 타르트 팬 12개 혹은 12구 컵케이크 팬

재료 | 12개

생 이스트 6g(1작은술 가득)
혹은 인스턴트 드라이 이스트 3g(¾작은술)
그래뉴당 1작은술(생 이스트를 사용할 경우에만)
따뜻한 우유 130ml(½컵)
그래뉴당 40g(3¼큰술)
강력분 250g(1¾컵, 더스팅용 소량)
소금 1작은술
부드러운 버터 1큰술
프랑스 가염 스틱버터 160g(1½개, 몰드에 칠하기 위한 소량)
그래뉴당 200g(1컵)과 소금 2작은술 섞은 것
데메라라/터미나도 설탕 100g(½컵)

- 생 이스트를 사용한다면, 이스트를 설탕 1작은술과 따뜻한 우유에 섞는다. 15분 동안 잘 녹도록 기다린다. 그동안 스탠드 믹서의 볼에 설탕, 밀가루, 소금을 넣는다. 여기에 인스턴트 드라이 이스트를 따뜻한 우유와 함께 넣거나 생 이스트 혼합물을 넣고 6분 동안 반죽한다. 버터를 넣고 4분간 반죽을 더 치댄다. 반죽을 둥글게 빚는다(56쪽 **A**). 큰 볼에 반죽을 넣고 랩으로 덮어 냉장고에 24시간 보관한다. 하룻밤 사이에 반죽이 많이 부풀지 않아도 괜찮다.

- 다음 날 프랑스 가염 버터를 커다란 유산지 2장 사이에 넣는다. 밀대로 버터를 두드려 20×15cm 정도 크기의 납작한 직사각형 모양으로 만든다. 손으로 사각형 모서리 부분의 형태를 잡고 두께를 일정하게 다듬는다. 냉장고에 보관한다.

- 반죽을 밀 준비가 되면 프랑스 가염 버터를 실온에 꺼내 둔다. 작업대에 살짝 밀가루를 뿌리고 페이스트리를 30×15cm 정도의 직사각형으로 민다. 페이스트리 브러시로 반죽 표면에 있는 여분의 밀가루를 털어낸다. 실온에 둔 버터를 직사각형 반죽 중앙에 올려놓는다. 반죽의 가장자리를 제외한 ⅔ 정도가 버터로 가려져야 한다(56쪽 **B**).

- 반죽의 가장자리를 버터 위로 접은 후, 직사각형 전체를 반으로 접는다. 밀가루 대신 설탕과 소금 혼합물을 작업대에 뿌린다. 페이스트리의 접힌 쪽이 당신의 오른쪽으로 오도록 놓는다. 반죽을 1cm 두께로 다시 민다. 중앙에서 만나도록 페이스트리의 양쪽 가장자리를 접은 후, 마치 두꺼운 책을 닫듯이 두 가장자리가 만나는 선을 기준으로 다시 반을 접는다. 이것을 '북턴(book turn)'이라고 한다. 페이스트리를 랩으로 감싸고 냉장고에 20분 동안 넣어둔다.

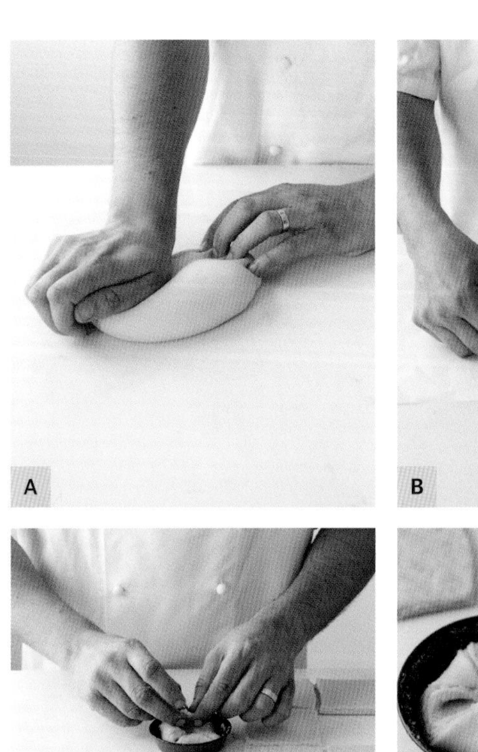
A

B

C

D

E

- 접은 반죽을 밀고(C) 같은 과정을 두 번 더 반복한다. 반죽을 접을 때는 설탕과 소금 혼합물을 작업대에 뿌리고 항상 접힌 쪽이 당신의 오른쪽으로 오도록 놓으며 냉장고에 20분 동안 넣어두었다가 접어야 한다는 사실을 기억하자.

- 마지막 20분간의 휴지 시간이 끝나면 타르트 팬 혹은 컵케이크 팬에 가염 버터를 바른다. 반죽을 3mm 두께로 민다. 날카로운 칼로 9×9cm 크기의 사각형 12개로 자른다.

- 페이스트리를 클래식한 쿠안 아망 모양으로 접으려면, 사각형의 네 모퉁이를 중앙에서 만나도록 접는다. 팬이나 몰드에 페이스트리를 하나씩 집어넣고(D) 데메라라/터미나도 설탕을 뿌린다. 랩으로 느슨하게 감싸고 실온에서 반죽이 두 배로 부풀 때까지 2시간 정도 놔둔다.

- 오븐을 200℃로 예열한다.

- 예열된 오븐에 쿠안 아망을 15~20분 정도 혹은 페이스트리가 노릇노릇하게 부풀어 오를 때까지 굽는다. 조금 식고 나면 팔레트 나이프/메탈 스패출러로 페이스트리를 팬에서 꺼내고 식힘망에 올린다.

베리에이션

페이스트리에 맛있는 필링을 넣어보자. 반죽을 마지막으로 휴지하는 동안 '크런치 캐러멜라이즈 커스터드 번(50쪽)'을 만들 때 사용한 말차 커스터드를 듬뿍 넣거나 '스파클링 사케 애플 크럼블(118쪽)'의 애플 컴포트를 넣어도 좋다.

금감과 금귤 마멀레이드를 곁들인 글레이즈 버터밀크 스콘

영국 애프터눈 티에서 빠질 수 없는 이 스콘은 정말 특별한 맛을 자랑한다. 반죽을 한동안 휴지해야 하지만 충분히 기다릴 만한 가치가 있다. 금감과 금귤 마멀레이드(31쪽)나 아몬드밀크와 체리블라썸 잼(30쪽)과 함께 곁들이면 훌륭한 디저트가 된다.

필요한 도구

5cm짜리 플레인 라운드 쿠키커터
베이킹시트, 유산지

재료 | 8개

스콘
다목적 밀가루 250g($1\frac{3}{4}$컵+2큰술, 더스팅용으로 소량)
베이킹파우더 15g(깎아서 $1\frac{1}{2}$큰술)
그래뉴당 45g($3\frac{3}{4}$큰술)
버터 50g($3\frac{1}{2}$큰술)
버터밀크 90ml($\frac{1}{3}$컵)
달걀 1개
설타나/골든 레이즌 30g(선택)
글레이즈용 달걀노른자 1개(설탕·소금 한 꼬집씩 넣고 푼 것)

서빙할 때
금감과 금귤 마멀레이드(31쪽)
클로티드 크림(선택)

- 믹싱볼에 밀가루와 베이킹파우더, 설탕, 버터를 넣고 손으로 주무른다. 버터밀크와 달걀을 넣고 손으로 잘 섞되, 반죽을 지나치게 치대지 않도록 주의한다. 반죽은 약간 끈적끈적하지만 손에 붙을 정도로 끈적거리지 않아야 한다. 필요에 따라 밀가루를 추가하여 농도를 조절한다.
- 설타나/골든 레이즌을 여기에 넣고 고르게 퍼질 때까지 반죽한다. 반죽을 랩으로 싸고 실온에 2시간 정도 놔둔다.
- 작업대에 밀가루를 살짝 뿌리고 반죽을 3cm 두께로 민다. 쿠키커터로 원 8개를 찍어내는데, 최대한 많이 찍기 위해 다시 반죽을 밀어 편 후 사용한다. 반죽을 돌려 납작한 부분이 위를 보도록 한다. 페이스트리 브러시로 달걀노른자 글레이즈를 바르고 실온에서 30분 정도 건조한다. 글레이즈를 다시 바르고 1시간 30분 동안 휴지한다.
- 오븐을 180℃로 예열한다.
- 준비된 반죽을 베이킹시트에 올려 노릇노릇하게 부풀어 오를 때까지 8~10분 정도 굽는다. 식힘망에서 스콘을 식힌다. 금감과 금귤 마멀레이드, 클로티드 크림과 함께 내어놓는다.

타르트

이번 장에서는 섬세한 프티 푸르뿐만 아니라 함께 나눠 먹기 좋은 큰 타르트도 소개한다. 사케 프로스팅을 곁들이는 자두와 아몬드 타르트처럼 간단하고 기운을 돋우는 필링부터 미소와 버터 스카치처럼 특별한 날을 위한 세련된 디저트까지 다양하게 시도해 보자.

사케 프로스팅을 곁들인 자두&아몬드 타르트

연말뿐만 아니라 일 년 내내 어울리는 아름다운 이 타르트는 클래식한 베이크웰 타르트 재료에 어른들이 즐길 만한 요소 몇 가지를 더했다. 자두 품종은 메들리, 카탈리나, 엘리펀트 하트를 추천하지만, 지금 구할 수 있는 품종을 사용해도 괜찮다.

필요한 도구

20cm짜리 타르트 팬
짤주머니, 플레인 깍지(선택)

재료 | 8개

타르트지
스위트 쇼트크러스트 페이스트리 ½ 분량(27쪽)

타르트 필링
댐슨 자두 잼 1병(타르트 베이스에 바를 충분한 양)
큰 자두 8개 혹은 작은 자두 12개

프랜지페인
스틱 버터 250g(2¼개)
그래뉴당 250g(1¼컵)
달걀 5개
다목적 밀가루 65g(살짝 모자란 ½컵)
아몬드파우더 190g(살짝 모자란 2컵)
오렌지 1개로 만든 제스트

사케 프로스팅
오렌지블라썸 워터 1작은술
퐁당 아이싱/슈거파우더 300g(2컵+2큰술)
사케 30ml(2큰술)

- **타르트지 만들기 :** 27쪽을 참고하여 스위트 쇼트크러스트 페이스트리를 준비한다. 작업대에 밀가루를 살짝 뿌리고 반죽을 얇게 민 다음 타르트 팬에 최대한 깔끔하게 올린다.
- 튀어나오는 가장자리를 다듬고 냉장고에 10~15분 동안 넣어둔다. 반죽이 살짝 굳고 나면 댐슨 자두 잼을 가장자리까지 충분히 바른다. 프랜지페인을 만드는 동안 랩으로 덮어 다시 냉장고에 보관한다.
- **프랜지페인 만들기 :** 핸드 전동 거품기로 버터와 설탕을 잘 섞어 크림처럼 만든다. 달걀을 한 번에 1개씩 넣고 잘 섞는다. 밀가루와 아몬드파우더, 오렌지제스트를 넣고 잘 섞어준다. 타르트를 프랜지페인으로 채우고 그 위에 잼을 한 겹 더 바른다. 프랜지페인이 페이스트리의 높이와 동일해야 한다. 냉장고에서 최소 30분 동안 휴지한다.
- 그동안 사케 프로스팅을 만든다. 오렌지블라썸 워터와 퐁당 아이싱/슈거파우더를 섞은 후, 되직하지만 펴 바를 수 있을 정도의 프로스팅이 완성될 때까지 사케를 조금씩 부으며 젓는다. 프로스팅이 담긴 볼을 랩으로 덮어둔다.
- 오븐을 170℃로 예열한다.
- **타르트 마무리 :** 필링으로 사용할 자두를 ¼로 자르고 씨를 제거한다. 냉장고에서 타르트를 꺼내 프랜지페인 위에 살짝 올려놓듯 자두로 군데군데 채운다. 너무 듬성듬성하지 않도록 채우되, 서로 겹치지 않도록 주의한다. 예열된 오븐에 타르트가 노릇노릇해질 때까지 40~50분 동안 타르트를 굽는다. 기호에 따라 사케를 소량 부어주거나 팬에서 타르트를 식히는 동안 흠뻑 적셔준다.
- 식은 타르트를 팬에서 조심스럽게 꺼낸 후 페이스트리 브러시로 사케 프로스팅을 듬뿍 바른다. 잠시 기다렸다가 차갑게 내어놓거나 옆에 소량의 생크림을 곁들여 따뜻하게 내어놓는다.

라즈베리&화이트초콜릿 크림을 곁들인 말차 크렘 브륄레 타르트

크렘 브륄레의 크리미함과 말차의 쌉싸름한 맛이 완벽하게 어우러질 뿐만 아니라 위에 곁들이는 라즈베리와의 조합도 훌륭하다. 정교한 라즈베리 트윌을 꼭 만들 필요는 없지만 분명 이 디저트의 화룡점정이 되어줄 것이다.

필요한 도구

8cm짜리 타르트 팬 4개
타르트 누름돌
슈거 온도계
베이킹시트 2개, 유산지
트윌 스탠실
작은 차 거름망
토치
짤주머니, 작은 플레인 깍지

재료 | 4개

타르트지
스위트 쇼트크러스트 페이스트리 1/2 분량(27쪽)
달걀노른자(필요에 따라)

말차 크렘 브륄레
달걀 1개
달걀노른자 4개
입자가 고운 설탕 125g(살짝 모자란 2/3컵)
휘핑/헤비크림 500ml(2 1/4컵)
말차 파우더 15g(깎아서 1 3/4큰술)

화이트초콜릿 크림
휘핑/헤비크림 100ml(1/2컵 - 1/2큰술)
잘게 썬 화이트초콜릿 100g
더블/헤비크림 100ml(살짝 모자란 1/2컵)

라즈베리 트윌(선택)
액상 글루코스 100g(1/3컵)
퐁당 아이싱/슈거파우더 150g(1컵)
냉동 건조 라즈베리 20g(2 1/2큰술)

데커레이션
글레이즈용 데메라라/터비나도 설탕 200g(1컵)
라즈베리 500g
더스팅용 아이싱/슈거파우더

- **타르트지 만들기 :** 27쪽을 참고하여 스위트 쇼트크러스트 페이스트리를 준비한다. 작업대에 밀가루를 살짝 뿌리고 반죽을 얇게 민 후 같은 크기의 사각형 4개를 잘라 타르트 팬에 끼워 넣는다. 가장자리를 다듬고 최소 15분 동안 냉장고에 보관한다.

- 오븐을 200℃로 예열한다.

- 타르트 팬에 깐 반죽 위로 유산지를 올리고 타르트 누름돌을 올린다. 노릇노릇하게 될 때까지 12~15분 정도 굽는다. 미세하게 갈라진 부분에는 브러시로 달걀물을 발라주고 다시 오븐에 5분 정도 구워낸다. 유산지와 타르트 누름돌을 제거하고 타르트지를 식힌다.

- **말차 크렘 브륄레 만들기 :** 오븐 온도를 150℃까지 낮춘다. 달걀과 달걀노른자, 설탕을 섞어 준비한다. 소스 팬에 휘핑/헤비크림과 말차 파우더를 붓고 끓인다. 뜨거운 크림을 준비해 둔 달걀과 설탕에 붓고 되직하게 잘 섞일 때까지 계속 젓는다. 혼합물을 오븐에서 사용할 수 있는 그릇에 붓고, 옆면이 높은 베이킹 팬에 끓는 물을 반쯤 채우고 중탕한다. 예열된 오븐에 조심히 옮겨 넣고 중앙 부분이 살짝 흔들릴 때까지 30~40분간 굽는다. 팬에서 접시를 꺼내고 크렘 브륄레를 식힌 다음 냉장고에 넣어둔다.

- **화이트초콜릿 크림 만들기 :** 소스 팬에 휘핑/헤비크림을 가열한다. 끓기 시작하면 불에서 내려 화이트초콜릿에 붓고 녹을 때까지 젓는다. 살짝 식힌 다음 더블/헤비크림을 넣고 잘 섞는다.

- **트윌 만들기 :** 소스 팬에 액상 글루코스와 퐁당 아이싱/슈거파우더를 넣고 슈거 온도계를 꽂는다. 온도가 156℃까지 올라가도록 중불로 가열한다. 준비한 베이킹시트에 혼합물을 조심히 붓는다. 굳을 때까지 기다린 후 여러 조각으로 부수고 냉동 건조 라즈베리와 함께 블렌더로 곱게 간다.

- 오븐을 180℃로 예열한다.

- 다른 베이킹시트에 트윌 스탠실을 올린다. 차 거름망을 이용해 스탠실 위로 라즈베리-글루코스파우더를 고르게 더스팅한다. 설탕이 녹을 때까지 3분 정도 오븐에 굽는다. 오븐에서 베이킹시트를 꺼낸다. 종이를 올려 뒷면에 종이가 있는 뜨거운 트윌을 밀대에 감싸서 굴곡이 생기도록 만든다. 굳을 때까지 기다린 후 조심스럽게 종이에서 트윌을 떼어낸다. 밀폐용기에 넣어 보관한다.

- 크렘 브륄레의 얇은 막을 제거하고 부드러워질 때까지 젓는다. 타르트지에 브륄레를 가득 퍼 담고 높이를 맞춘다. 데메라라/터비나도 설탕을 뿌리고 노릇노릇해질 때까지 토치로 가열한다. 타르트가 식으면 라즈베리를 위에 올린다. 화이트초콜릿 크림을 중앙에 짠 다음, 그 위에 트윌을 올린다. 아이싱/슈거파우더를 뿌려 마무리한다.

루밥 컴포트와 크렘 프레슈를 곁들인 바닐라 커스터드 타르트

가장 클래식한 프렌치 파티세리 중 하나인 에그 커스터드 타르트는 일본에서 인기 있는 길거리 음식 중 하나다. 하지만 일본의 에그 타르트는 포르투갈식에 더 가깝다. 이 바닐라 커스터드 타르트는 남녀노소에게 인기 있으며 만들기도 쉬운 디저트다. 톡 쏘는 듯한 루밥 컴포트는 크리미한 커스터드와 완벽한 궁합을 이룬다.

필요한 도구

20cm 타르트 팬
타르트 누름돌
강판(선택)

재료 | 8개

타르트지
스위트 쇼트크러스트 페이스트리 ½ 분량(27쪽)
달걀노른자(필요에 따라)

루밥 컴포트
깨끗하게 씻은 루밥 800g
그래뉴당 100g(½컵)

커스터드 타르트 필링
휘핑/헤비크림 500ml(2컵 가득)
바닐라빈 ½깍지
그래뉴당 75g(⅓컵)
달걀노른자 8개
육두구
크렘 프레슈 혹은 사워크림(선택)

- **타르트지 만들기 :** 27쪽을 참고하여 스위트 쇼트크러스트 페이스트리를 준비한다. 밀가루를 살짝 뿌린 작업대에서 페이스트리를 얇게 밀고 최대한 깔끔하게 타르트 팬에 올린다. 지저분한 가장자리를 다듬고 냉장고에 최소 15분 동안 휴지한다.
- 오븐을 200℃로 예열한다.
- 반죽 위에 유산지를 깔고 타르트 누름돌을 올린다. 예열된 오븐에서 노릇노릇하게 될 때까지 18~20분 정도 굽는다. 미세한 금이 보이면 달걀노른자를 바르고 5분 더 굽는다. 유산지와 타르트 누름돌을 제거하고 타르트지를 식힌다.
- **루밥 컴포트 만들기 :** 루밥의 잎이나 뿌리는 버리고 줄기를 4cm 크기로 자른다. 커다란 소스 팬에 줄기와 설탕, 물 2큰술을 넣는다. 뚜껑을 닫고 강불로 가열한다. 4~6분 정도 끓이고 물을 따라 버린 후 루밥을 볼에 넣어 식힌다. 냉장 보관한다.
- **커스터드 타르트 필링 만들기 :** 휘핑/헤비크림과 바닐라 씨앗을 소스 팬에 넣고 끓인다. 별도의 볼에 설탕과 달걀노른자를 담고 섞는다. 뜨거운 크림을 노른자와 설탕 혼합물에 붓고 잘 섞일 때까지 젓는다. 잠시 기다렸다가 체에 걸러 덩어리를 제거한다.
- 오븐을 150℃로 예열한다.
- 촘촘한 강판이 있다면, 타르트 쉘의 가장자리를 깔끔하게 갈고 조심히 부스러기를 제거한다. 타르트 안에 커스터드를 가득 붓는다. 육두구를 갈아 올리고 예열된 오븐에 커스터드가 굳을 때까지 30~40분 굽는다.
- 타르트가 완전히 식으면 뜨거운 칼로 타르트를 잘라 루밥 컴포트와 크렘 프레슈 혹은 사워크림을 곁들여 내어놓는다.

비터 초콜릿과 참깨, 캐러멜라이즈 미소 타르트

짭짤한 미소 캐러멜이 부드러운 초콜릿 타르트에 세련된 맛을 더해준다. 아주 진한 타르트이므로 작은 조각으로 잘라 내어놓는다.

필요한 도구

오일 스프레이를 뿌린 20cm 타르트 팬
타르트 누름돌
짤주머니 (선택)
슈거 온도계

재료 | 8~10인분

초콜릿 타르트지

초콜릿 쇼트크러스트 페이스트리 ½ 분량(27쪽)

미소 캐러멜

휘핑/헤비크림 160ml(살짝 모자란 ¾컵)
액상 글루코스 40g(2큰술)
그래뉴당 200g(1컵)
버터 3큰술
스위트 미소 페이스트 60g(깎아서 3큰술)

초콜릿 타르트 필링

우유 200ml(¾컵)
휘핑/헤비크림 300ml(1⅓컵)
다크초콜릿 500g
달걀 3개

참깨 소일

그래뉴당 100g(½컵)
잘게 다진 다크초콜릿 70g
흰 참깨 2큰술
검정깨 2큰술
템퍼링한 초콜릿(선택)

- **타르트지 만들기** : 27쪽을 참고하여 초콜릿 쇼트크러스트 페이스트리를 준비한다. 밀가루를 살짝 뿌린 작업대에서 반죽을 얇게 밀고 타르트 팬에 깐다. 지저분한 가장자리를 다듬고 냉장고에 최소한 15분 정도 보관한다.
- 오븐을 200℃로 예열한다.
- 타르트지에 유산지를 덮고 누름돌을 올려 예열된 오븐에 15~20분 동안 굽는다. 미세한 금이 보이면 브러시로 달걀노른자를 발라 5분 더 굽는다. 유산지와 누름돌을 제거하고 타르트를 식힌다.
- **미소 캐러멜 만들기** : 전자레인지에 크림을 40초간 데운다. 예열된 소스 팬에 액상 글루코스와 설탕을 넣는다. 짙은 색의 진득한 캐러멜이 될 때까지 중불로 가열하며 계속 젓는다. 버터를 넣고 녹을 때까지 젓는다. 팬을 불에서 내리고 따뜻한 휘핑/헤비크림을 서서히 부으며 젓는다. 캐러멜이 튀지 않도록 조심히 붓고 스위트 미소 페이스트를 넣고 젓는다. 캐러멜을 잠시 식힌 후, 짤주머니나 숟가락을 이용해 구운 타르트지의 가장 아래에 캐러멜을 한 겹 깐다. 캐러멜이 굳도록 타르트를 냉동실에 1시간 정도 보관한다.
- 오븐을 150℃로 예열한다.
- **초콜릿 필링 만들기** : 소스 팬에 우유와 휘핑/헤비크림을 붓고 가열한다. 끓기 시작하면 불에서 내리고 다크초콜릿 위에 부어 녹을 때까지 젓는다. 달걀을 넣고 잘 섞은 다음 촘촘한 체로 거른다. 캐러멜 위로 필링을 붓고 예열된 오븐에서 30~40분 굽는다. 내어놓기 전까지 팬에서 타르트를 식힌다.
- **참깨 소일 만들기** : 소스 팬에 설탕을 붓고 젖은 모래와 같은 농도로 만들기 위해 물을 붓는다. 슈거 온도계를 꽂고 130℃가 될 때까지 중불로 가열한다. 그동안 잘게 다진 초콜릿과 참깨를 섞는다. 설탕을 불에서 내리고 초콜릿과 참깨를 섞어 흙과 같은 질감을 만든다. 트레이에 옮겨 식힌다.
- 디저트를 내어놓을 때 타르트를 팬에서 꺼내 가장자리에 참깨 소일을 뿌리고 템퍼링을 한 여러 모양의 초콜릿으로 장식한다.

참깨 트윌을 올린 유자 머랭 파이

머랭 파이는 페이스트리 셰프의 기술을 확인할 수 있는 디저트다. 톡 쏘는 향과 맛으로 입맛을 돋우는 유자 머랭 파이는 모두의 인기를 끌 것이다.

필요한 도구

8cm짜리 타르트 팬 4개
타르트 누름돌
촘촘한 강판(선택)
젤란검의 무게를 잴 수 있는 전자저울
거품기를 꽂은 스탠드 믹서
슈거 온도계
짤주머니 2개, 생토노레 깍지, 플레인 깍지
베이킹시트, 유산지
토치(선택)

재료 | 4개

타르트지
스위트 쇼트크러스트 페이스트리 $\frac{1}{2}$ 분량(27쪽)
달걀노른자(필요에 따라)

유자 파이 필링
레몬 $\frac{1}{2}$개를 짠 즙과 제스트
유자즙 120ml($\frac{1}{2}$컵)
그래뉴당 150g($\frac{3}{4}$컵)
달걀 6개
휘핑/헤비크림 200ml($\frac{3}{4}$컵)

유자 젤
유자즙 200ml($\frac{3}{4}$컵)
그래뉴당 $1\frac{1}{2}$큰술
레몬 1개를 짠 즙
젤란검(반죽 무게의 1%에 해당하는 양)

머랭
달걀흰자 150g
입자가 고운 설탕 300g($1\frac{1}{2}$컵)

참깨&오렌지 트윌
아이싱/슈거파우더 215g($1\frac{1}{2}$컵)
오렌지 1개를 간 제스트
오렌지주스 65ml($\frac{1}{4}$컵)
다목적 밀가루 65g($\frac{1}{2}$컵)
참깨 65g(살짝 모자란 $\frac{1}{2}$컵)
녹인 스틱 버터 65g($\frac{1}{2}$개)
베이비 바질(선택)

A

B

C

D

- **타르트지 만들기** : 27쪽을 참고하여 스위트 쇼트크러스트 페이스트리를 준비한다. 밀가루를 살짝 뿌린 작업대에서 페이스트리를 얇게 밀고 같은 크기의 사각형 4개로 자른다. 타르트 팬에 페이스트리를 깔고 튀어나온 가장자리를 깔끔하게 다듬는다. 냉장고에서 최소 15분 동안 보관한다.

- 오븐을 200℃로 예열한다.

- 타르트지 위에 유산지를 덮고 타르트 누름돌을 올린다. 예열된 오븐에서 12~15분 정도 타르트가 노릇노릇해질 때까지 굽는다. 유산지와 타르트 누름돌을 제거하고 타르트지를 식힌다.

- 촘촘한 강판이 있다면 타르트의 가장자리를 깔끔하게 갈고 조심히 부스러기를 제거한다(**A**).

- 만약 미세한 금이 보인다면 브러시로 달걀노른자를 바르고 오븐에 5분간 더 굽는다(**B**).

- 오븐 온도를 130℃로 낮춘다.

- **유자 파이 필링 만들기** : 모든 재료를 잘 섞고 촘촘한 체로 거른다(더 강한 레몬 맛을 원한다면 하루 전날 만들어 제스트의 향이 온전히 스며들도록 한다). 전자레인지에서 35~40℃로 30초간 혼합물을 데우면 재료가 한데 잘 섞인다. 준비한 타르트지에 필링을 붓고 오븐에서 20~30분 구워낸다. 오븐에서 타르트를 꺼내어 실온에서 잠시 식힌 후, 더 빨리 식도록 타르트를 냉장고로 옮긴다. 이렇게 하면 타르트가 열에 익어서 금이 생기는 현상을 막을 수 있다.

- **유자 젤 만들기** : 작은 소스 팬에 유자즙과 그래뉴당, 레몬즙을 넣고 그래뉴당이 녹을 때까지 가열한다. 볼에 유자 시럽 혼합물을 옮겨 담고 무게를 잰 다음, 다시 소스 팬에 부어 끓인다. 유자 시럽 무게의 1%를 계산해서 그만큼의 젤란검을 별도의 통에 담는다(예를 들어, 유자 시럽의 무게가 300g이라면, 3g의 젤란검이 필요하다). 젤란검과 설탕을 섞은 것을 끓고 있는 유자 시럽 혼합물에 넣고 잘 젓는다. 완전히 섞이면 통에 붓고 식힌다. 유자 젤이 다 식으면 믹서로 부드러워질 때까지 간다.

- **머랭 만들기** : 스탠드 믹서볼에 달걀흰자를 넣고 소스 팬에 설탕을 붓는다. 설탕이 젖은 모래 정도의 농도가 되도록 소스 팬에 물을 붓는다. 소스 팬의 옆면에 설탕이 튀었는지 확인하고 가볍게 닦는다. 슈거 온도계를 꽂고 강불로 가열한다. 설탕의 온도가 118℃가 되면, 달걀흰자를 가장 빠른 속도로 휘핑하되, 오버휩(over-whip) 상태가 되지 않도록 주의한다. 총 3~4분을 넘기지 않아야 한다. 설탕의 온도가 121℃가 되고 달걀흰자에 거품이 생기면 믹서의 속도를 낮추고 뜨거운 설탕 시럽을 믹서볼의 옆면을 따라 서서히 붓는다. 시럽이 튀면 델 수도 있기 때문에 거품기에 시럽이 닿지 않도록 주의한다. 시럽을 다 붓고 나면, 믹서의 속도를 가장 빠르게 올리고 소프트 픽 상태가 되도록 젓는다. 생토노레 깍지를 끼운 짤주머니에 옮겨 담는다.

- **참깨와 오렌지 트윌 만들기** : 볼에 모든 재료를 넣고 잘 섞는다. 랩으로 덮고 냉장고에서 30분 동안 휴지한다.

- 오븐을 180℃로 예열한다.

- 팔레트 나이프/메탈 스패출러로 베이킹시트에 혼합물을 얇게 펴 바른 후 트윌이 노릇노릇하게 될 때까지 8~10분 동안 굽는다. 디저트를 조립하기 전까지 트윌을 식힌다.

- 파이 윗면 전체에 머랭을 물결 모양으로 짠다(**C**). 토치를 이용해 머랭을 조심스럽게 가열하며 캐러멜라이즈한다(**D**). 토치가 없다면 뜨거운 그릴을 활용해도 된다.

- 내어놓을 때는 원하는 접시에 파이를 올린 후 옆에 머랭과 유자 젤을 다양한 크기로 짜고 베이비 바질로 장식한다. 참깨와 오렌지 트윌을 투박한 모양으로 부러뜨려 머랭 사이에 올린다.

미소&버터 스카치 타르트

풍부한 맛으로 사람들의 입맛을 사로잡는 이 작은 디저트는 따뜻한 위스키와 약간의 미소가 들어가 감칠맛도 느낄 수 있다. 타르트지의 미세한 금을 잘 확인해야 필링이 새어 나오지 않는다. 파티에 어울리는 한입 사이즈로 만들었지만, 디저트용으로 더 크게 만들어도 좋다.

필요한 도구

20구짜리 프티 푸르 타르트 팬
혹은 8cm짜리 타르트 팬 4개
타르트 누름돌
촘촘한 강판(선택)

재료 | 프티 푸르 20개 혹은 개인용 4개

타르트지
스위트 쇼트크러스트 페이스트리 ½ 분량(27쪽)
달걀노른자

미소 버터 스카치 필링
갈색 정제 설탕 100g(½컵)
스틱 버터 100g(1개－1큰술)
스위트 미소 페이스트 1큰술
달걀 2개
커런트 100g(¾컵)
설타나/골든 레이즌 50g(⅓컵)
건포도 50g(⅓컵)
레몬 1개를 간 제스트
호두 자른 것 50g(⅓컵)
일본 위스키 2큰술(니카 제품을 사용했다)

데커레이션
힘 있게 휘핑한 더블/헤비크림
은박(선택)

- **타르트지 만들기** : 27쪽을 참고하여 스위트 쇼트크러스트 페이스트리를 준비한다. 밀가루를 살짝 뿌린 작업대에서 반죽을 얇게 밀고 같은 크기의 사각형 20개를 자른다. 자른 페이스트리를 프티 푸르 타르트 팬에 깐다. 만약 개인용 타르트 팬을 사용할 경우, 페이스트리를 4개의 사각형으로 자른다. 지저분한 가장자리를 다듬고 냉장고에 최소한 15분간 휴지한다.
- 오븐을 200℃로 예열한다.
- 타르트지 위에 유산지를 덮고 타르트 누름돌을 올린다. 오븐에 넣고 타르트가 노릇노릇하게 될 때까지 8분 정도 굽는다(큰 크기의 타르트는 12~15분 굽는다). 미세한 금이 보이면 브러시로 달걀노른자를 바르고 5분 정도 더 굽는다. 유산지와 타르트 누름돌을 제거하고 타르트 쉘을 식힌다.
- 오븐 온도를 170℃로 내린다.
- 촘촘한 강판이 있다면 타르트의 가장자리를 깔끔하게 갈고 부스러기를 조심히 제거한다.
- **미소 버터 스카치 필링 만들기** : 갈색 정제 설탕과 버터, 스위트 미소 페이스트를 소스 팬에 넣고 가열한다. 재료가 녹아 잘 섞이면 불에서 소스 팬을 내리고 따뜻한 정도로 식힌다. 푼 달걀을 넣고 완전히 섞일 때까지 젓는다. 각종 마른 과일과 레몬 제스트, 호두, 위스키를 넣고 섞는다.
- 구워놓은 타르트 안에 혼합물을 떠 넣는다. 오븐에 타르트를 10분 정도 굽는다(큰 크기의 타르트는 20분간 굽는다). 힘 있게 휘핑한 더블/헤비크림을 작은 퀴넬 모양으로 떠서(16쪽) 올리고 은박 조각을 올려 장식한다.

모든 이의 눈길을 사로잡는 이 디저트들은 만들기가 간단치 않지만, 미리 만들어 놓을 수 있는 요소들도 많다. 몇 시간이 걸리거나 하룻밤 동안 기다려야 하는 레시피가 많기 때문에 시간 계획을 하기 전, 레시피를 먼저 확인하자.

유자 가나슈, 미소&피넛버터 크런치를 곁들인 스모크 초콜릿 파베

간단한 레시피는 아니지만 흥미를 잃지 않길 바란다. 스모크 초콜릿을 만들 때는 랍상소우총 티백을 우린 크림을 이용한다. 유자와 화이트초콜릿 가나슈는 하루 전에 만들어놓는다.

필요한 도구

15cm짜리 라운드 샬롯 링 혹은 인서트용 실리콘 몰드
20cm짜리 라운드 샬롯 링 혹은 큰 실리콘 몰드
슈거 온도계
베이킹시트, 유산지
짤주머니, 작은 사이즈의 라운드 깍지, 큰 사이즈 라운드 깍지

재료 | 8인분

유자&화이트초콜릿 가나슈
유자 퓌레 250g
그래뉴당 60g(살짝 모자란 ⅓컵)
액상 글루코스 80g(¼컵)
다진 화이트초콜릿 600g
상업용 젤라틴 2½장 혹은 가정용 젤라틴 5장
스틱 버터 60g(½컵)

스모크 초콜릿 파베
반으로 나눈 휘핑/헤비크림 1L(4컵 가득)
랍상소우총 티백 2개
다크초콜릿(63% 코코아) 500g

피넛버터 크런치
밀크초콜릿 190g
다크초콜릿(63% 코코아) 50g
포요틴 플레이크(온라인에서 구입 가능)
혹은 아이스크림 와플 콘 으깬 것 125g
내추럴 피넛버터 75g(⅓컵)(코에세Koeze 제품을 사용했다)

스위트 미소 다시 지루 소스
스위트 미소 페이스트 100g(6큰술)
진간장 2작은술

미러 글레이즈
그래뉴당 120g(살짝 모자란 ⅔컵)
액상 글루코스 120g(⅓컵)
상업용 젤라틴 4장 혹은 가정용 젤라틴 8장
연유 80g(⅓컵)
밀크초콜릿 120g
다크초콜릿 120g(63% 코코아)

데커레이션
템퍼링한 초콜릿 디스크
식용 금가루

A

B

C

D

- 유자와 화이트초콜릿 가나슈는 하루 전에 만들어놓는다. 소스 팬에 유자 퓌레와 설탕, 액상 글루코스를 넣고 설탕이 녹을 때까지 약불로 데운다. 소스 팬을 불에서 내리고 화이트초콜릿을 넣는다. 살짝 저은 후 초콜릿이 열에 녹을 때까지 기다린다. 완전히 녹고 나면 찬물에 담가둔 젤라틴의 물기를 털어내고 소스 팬에 넣는다. 버터를 잘라 넣고 잘 섞는다. 식을 때까지 기다린 후 매끄럽게 윤이 날 때까지 몇 분 더 젓는다. 15cm짜리 라운드 샬롯 링 혹은 인서트용 실리콘 몰드(**A**)에 붓고 하룻밤 동안 얼린다.

- 다음 날 훈연 향이 나는 크림을 만드는데, 소스 팬에 500ml의 휘핑/헤비크림과 랍상소우총 티백 2개를 넣는다. 휘핑크림이 끓을 때까지 중불로 가열한다. 불에서 소스 팬을 내리고 30분 동안 향이 스며들도록 기다린다. 30분 후, 최대한 훈연 향이 많이 나도록 티백의 물기를 짠 후 제거한다. 이후에 필요할 때까지 냉장 보관한다.

- **피넛버터 크런치 만들기 :** 밀크초콜릿과 다크초콜릿을 중탕하여 모두 녹인다. 중탕할 때 볼의 밑면이 냄비의 물에 닿지 않도록 주의한다. 포요틴 플레이크(혹은 아이스크림 와플 콘 으깬 것)와 내추럴 피넛버터를 넣고 스패출러 혹은 나무 숟가락으로 잘 섞일 때까지 젓는다.

- 유산지 위에 피넛버터 크런치 혼합물을 떠서 올린 후 같은 크기의 유산지를 위에 덮는다. 밀대를 이용해 혼합물을 3mm 두께로 부드럽게 민다. 피넛버터 크런치(아직 유산지를 제거하지 않는다)를 냉동실에 넣어둔다. 미리 만들어놓았다면 냉장고에 보관한다. 피넛버터 크런치는 디저트의 베이스 역할을 하기 때문에 큰 실리콘 몰드의 밑면보다 작으면 안 된다.

- 스위트 미소 다시 지루 소스는 미소 페이스와 간장을 섞은 후 작은 라운드 깍지를 끼운 짤주머니에 옮겨 담기만 하면 된다.

- **미러 글레이즈 만들기 :** 소스 팬에 그래뉴당과 물 3½큰술, 액상 글루코스를 붓는다. 슈거 온도계를 넣고 101℃가 될 때까지 가열한다. 물에 불려놓은 젤라틴의 물기를 짠다. 불에서 팬을 내리고 젤라틴을 넣은 후 잘 젓는다. 연유와 두 종류의 초콜릿을 넣는다. 젓다 보면 초콜릿이 서서히 녹아 윤기 나는 글레이즈가 완성된다. 볼에 옮겨 담고 필요할 때까지 냉장고에 보관한다.

- **스모크 초콜릿 파베 만들기 :** 먼저 만들어둔 훈연 향이 나는 크림을 끓인 후 초콜릿 위로 붓는다. 열에 초콜릿이 녹도록 1분 정도 기다렸다가 잘 젓는다. 분리될 것처럼 보이면 차가운 크림을 소량 넣으면 도움이 된다. 혼합물을 잠시 식힌다. 남은 500ml의 크림을 소프트 픽 상태로 휘핑한 후, 초콜릿 혼합물에 섞는다. 지나치게 많이 젓지 않도록 주의한다. 큰 사이즈의 플레인 깍지를 끼운 짤주머니에 완성된 초콜릿 파베를 옮겨 담는다.

- 유자와 화이트초콜릿 가나슈를 냉동실에서 꺼낸다. 몰드에서 내용물을 꺼내 랩으로 싼 후 다시 냉동실에 보관한다.

- 냉동실에서 피넛버터 크런치를 꺼내고 위에 덮어둔 유산지를 벗긴다. 20cm짜리 샬롯 링 혹은 실리콘 몰드를 피넛버터 크런치 위에 올리고 잘 드는 칼로 디저트의 베이스 부분을 자른다. 원한다면 장식할 때 사용할 크런치 조각을 남겨둔다. 잘라낸 베이스를 베이킹시트에 올리고 스위트 미소 다시 지루 소스를 지그재그로 충분히 짠다. 남은 소스는 마무리 작업을 위해 보관한다.

- 20cm짜리 샬롯 링 혹은 큰 실리콘 몰드에 스모크 초콜릿 파베를 소량 짜고 팔레트 나이프/메탈 스패출러로 구석구석 바른다. 파베를 몰드의 ⅓ 높이까지 더 짠다. 작업대 위로 몰드를 내려쳐서 기포를 제거한다. 냉동실에서 가나슈를 꺼내어 랩을 벗기고 파베 중앙에 넣는다. 파베를 더 짜서 가나슈와 몰드의 틈을 채운다. 미소 다시 지루 소스를 묻힌 쪽이 안으로 향하도록 피넛버터 크런치 베이스를 올린다. 윗면을 평평하게 고르고 디저트를 3시간 이상 얼린다.

- 디저트를 냉동실에서 꺼내 실온에 잠시 놔둔다. 미러 글레이즈를 전자레인지에 짧게 데워 부드럽게 만들어 잘 섞는다. 적정한 농도가 되려면 30℃ 정도의 온도여야 한다. 몰드에서 파베를 꺼내고(**B**) 밑에 트레이를 받친 후 식힘망 위에 올린다. 미러 글레이즈를 파베 위로 중앙에서 바깥쪽으로 원을 그리며 붓는다. 디저트 전체를 다 덮어야 한다(**C**). 팔레트 나이프/메탈 스패출러로 아랫면을 받쳐서 케이크보드나 접시로 옮긴다. 내어놓기 전에 글레이즈가 굳도록 냉장고에 잠시 넣어둔다.

- 남은 피넛버터 크런치 조각이나 초콜릿 디스크를 이용해 장식해도 좋고(**D**) 남은 미소 다시 지루 소스로 꾸며도 좋다. 식용 금가루를 뿌려 마무리한다.

참깨와 미소를 곁들인 헤이즐넛 다쿠아즈

이 정교한 케이크는 다쿠아즈 베이스처럼 전통적인 고소한 머랭으로 이루어져 있으며 부드러운 참깨 크림과 미소 초콜릿 가나슈를 번갈아 짜서 장식한다. 템퍼링 작업을 한 커다란 초콜릿 디스크 2장이 층을 이룬다. 초콜릿을 템퍼링하는 자세한 방법은 14쪽에 있다. 미소에서 나오는 약간의 짭조름한 맛이 어우러져 전반적으로 진한 맛의 디저트다. 캐러멜라이즈 헤이즐넛으로 장식하는 것은 선택 사항이지만 분명 현대적이고 드라마틱한 감동을 선사할 것이다.

필요한 도구

짤주머니 3개, 큰 사이즈 플레인 깍지
20cm짜리 타르트 팬 혹은 실리콘 몰드
슈거 온도계
핸드 블렌더
블루택(Blue-tac, 찰흙처럼 붙였다 뗄 수 있는 접착제-옮긴이)
긴 나무 꼬치

재료 | 8인분

헤이즐넛 다쿠아즈
달걀흰자 360g
그래뉴당 120g(½컵+1½큰술)
아몬드파우더 300g(3컵)
아이싱/슈거파우더 330g(2⅓컵)
헤이즐넛 프랄린 페이스트 60g(¼컵)
구운 헤이즐넛 75g(⅔컵)

참깨 크림
달걀노른자 100g
그래뉴당 50g(¼컵)
우유 250ml(1컵+1큰술)
휘핑/헤비크림 250ml(1컵)
밀크초콜릿 220g
타히니 50g(¼컵)

미소 초콜릿 가나슈
휘핑/헤비크림 200ml(¾컵)
스위트 미소 페이스트 80g(3½큰술)
다크초콜릿(63% 코코아) 200g

초콜릿 디스크
템퍼링한 다크초콜릿 500g(14쪽)
장식용 템퍼링한 초콜릿 조각(선택)

샹티이 크림
휘핑/헤비크림 250ml(1컵)
더블/헤비크림 250ml(1컵)
아이싱/슈거파우더 200g(살짝 모자란 1½컵)
바닐라빈 2깍지

캐러멜라이즈 헤이즐넛 데커레이션
액상 글루코스 60g(3큰술)
그래뉴당 200g(1컵)
헤이즐넛 5개(혹은 원하는 만큼)

- 오븐을 180℃로 예열한다.
- **헤이즐넛 다쿠아즈 만들기 :** 핸드 믹서 혹은 스탠드 믹서로 달걀흰자를 힘 있게 휘핑한다. 설탕을 한 번에 한 숟가락씩 천천히 넣고 잘 섞는다. 아몬드파우더를 조심히 넣고 아이싱/슈거파우더, 헤이즐넛 프랄린 페이스트를 차례로 넣는다. 마지막으로 구운 헤이즐넛을 다져 넣는다. 큰 사이즈의 플레인 깍지를 끼운 짤주머니에 혼합물을 옮겨 담아 몰드 혹은 타르트 팬에 편평하게 짠다.
- 예열된 오븐에 넣고 꼬치로 찔러 묻어나는 게 없을 때까지 15~20분간 굽는다. 팬에서 다쿠아즈가 식을 때까지 잠시 기다린 후, 식힘망에 올린다. 실리콘 몰드를 사용한다면, 냉동실에서 식혀 다쿠아즈를 쉽게 빼낼 수 있다.
- **참깨 크림 만들기 :** 달걀노른자와 설탕을 하얀 거품이 일 때까지 거품기로 잘 섞는다. 소스 팬에 휘핑/헤비크림을 넣고 끓을 때까지 가열한다. 뜨거운 크림을 설탕과 달걀노른자에 천천히 붓고 완전히 섞일 때까지 계속 젓는다. 커스터드를 냄비에 붓고 되직해지거나 온도가 82℃가 될 때까지 중약불로 5분 정도 가열한다.
- 초콜릿을 전자레인지 혹은 중탕으로 녹인다. 커스터드를 녹은 초콜릿에 천천히 붓고 핸드 블렌더로 완전히 섞는다. 타히니를 넣고 나무 숟가락으로 잘 섞는다. 큰 사이즈의 플레인 깍지를 끼운 짤주머니에 완성된 참깨 크림을 옮겨 담고 필요할 때까지 냉장고에 보관한다.
- **미소 초콜릿 가나슈 만들기 :** 소스 팬에 크림을 붓고 끓인다. 불에서 팬을 내리고 스위트 미소 페이스트를 넣고 젓는다. 초콜릿을 넣고 크림과 완전히 섞일 때까지 나무 숟가락으로 젓는다. 혼합물이 식으면 큰 사이즈의 플레인 깍지를 끼운 짤주머니에 옮겨 담는다. 나중에 가니시를 고정할 때 필요한 소량의 가나슈를 남겨둔다. 만약 가나슈가 분리되는 것처럼 보이면 핸드 블렌더로 잠시 섞는다. 미소를 넣었기 때문에 평소보다 더 입자가 거칠게 보인다는 것을 명심하자.
- **초콜릿 디스크 만들기 :** 14쪽을 참고하여 초콜릿을 템퍼링한 후, 20cm짜리 디스크 모양으로 조심히 잘라낸다.
- **샹티이 크림 만들기 :** 디저트를 조립하기 직전, 샹티이 크림 재료를 믹싱볼에 넣고 강하게 휘핑하여 만든다.
- 다쿠아즈를 접시에 올린다. 다쿠아즈의 바깥 가장자리에 가나슈를 같은 크기로 10방울 정도 짠다. 중간에 자리를 비워두고 짜야 참깨 크림을 사이사이에 번갈아가며 짤 수 있다. 같은 크기로 참깨 크림도 짜서 가나슈와 참깨 크림이 교대로 오도록 만든다(**A**). 가운데 빈 곳을 샹티이 크림을 짜서 채우고 템퍼링한 초콜릿 디스크 1장을 올린다(**B**). 위층에도 가나슈와 참깨 크림을 같은 방법으로 짜고(**C**) 두 번째 초콜릿 디스크를 올린다. 가니시가 준비될 때까지 냉장고에 보관한다.
- **캐러멜라이즈 헤이즐넛 데커레이션 만들기 :** 블루택을 작업대의 가장자리에 일정한 간격으로 붙이고 (만들고 싶은 개수만큼) 바닥에 종이를 깔아둔다. 헤이즐넛을 꼬치의 뾰족한 부분에 꽂아 준비한다. 부엌용 가위도 옆에 준비한다.
- 아주 깨끗한 작은 소스 팬에 액상 글루코스와 설탕, 물 80ml(1/3컵)를 붓고 설탕이 팬의 옆면에 튀지 않도록 주의하며 잘 젓는다. 손가락에 물을 묻혀 팬의 옆면을 깨끗하게 닦는다. 슈거 온도계를 넣고 중불로 가열한다. 혼합물이 끓을 때까지 젓지 않는다. 팬이 들어갈 크기의 볼에 차가운 물을 담아 준비한다. 온도를 155℃까지 올린다.
- 충분히 가열되면, 아주 조심히 소스 팬의 밑부분을 차가운 물이 담긴 볼에 20초간 담근다. 디핑하려면 팬이 살짝 기울어진 각도가 적합하므로 팬을 물에서 꺼내 반으로 접은 키친 클로스 위에 반만 걸쳐 올린다.
- 헤이즐넛을 디핑할 때 적합한 온도는 약 80℃이다. 캐러멜이 식으면 되직해지지만, 언제든지 살짝 가열하면 다시 묽어진다. 하지만 금세 탈 수 있으므로 불에 올려놓고 자리를 비우지 않는다.
- 캐러멜의 온도가 80℃에 이르면, 꼬치의 한쪽 끝을 잡고 헤이즐넛을 캐러멜에 담근 후 조심히 꼬치의 한쪽 끝을 블루택으로 작업대에 고정해서 캐러멜이 아래로 천천히 흘러내리도록 만든다. 뚝뚝 떨어지는 속도가 줄어들면 꼬치를 빼내어 가위로 원하는 크기로 자른다(**D**). 캐러멜이 완전히 굳기 전에 헤이즐넛을 조심스럽게 꼬치에서 뺀다. 밀폐된 통에 보관하면 하루 동안 유지된다. 케이크 위에 가나슈를 소량 짜서 캐러멜라이즈 헤이즐넛을 고정한다. 템퍼링한 초콜릿 조각을 꽂아 장식해도 좋다.

A

B

C

D

말차와 화이트초콜릿, 체리가 들어간 헤이즐넛 스펀지

초콜릿과 체리의 환상적인 조합에 말차의 진한 맛이 더해져 한 단계 향상된 특별한 디저트가 완성된다. 도쿄에 있는 최고의 일본 파티세리 중 한 곳인 이나무라 쇼조의 카페에서 이 디저트에 대한 영감을 얻었다. 체리 컴포트와 헤이즐넛 스펀지는 일주일 전에 만들어 얼려서 보관해도 된다.

필요한 도구

베이킹시트, 유산지
젤란검의 무게를 잴 수 있는 전자저울
큰 사이즈의 실리콘 몰드, 인서트용 작은 사이즈 실리콘 몰드
슈거 온도계
짤주머니, 큰 사이즈 플레인 깍지

재료 | 8인분

헤이즐넛 스펀지
헤이즐넛 간 것 185g(살짝 모자란 2컵)
아이싱/슈거파우더 185g($1\frac{1}{4}$컵)
달걀노른자 5개
다목적 밀가루 50g($\frac{1}{3}$컵)
달걀흰자 5개
그래뉴당 25g($1\frac{3}{4}$큰술)
녹인 버터 45g($3\frac{1}{4}$큰술)

체리 컴포트
그래뉴당 25g($1\frac{3}{4}$큰술)
블랙 체리 퓌레 125g
모렐로 체리에서 나온 키르슈 125ml($\frac{1}{2}$컵)
그래뉴당 $2\frac{1}{2}$작은술을 섞은 젤란검 3g
키르슈에 절인 모렐로 체리 250g(그리오틴을 사용했다)

화이트초콜릿&말차 무스
우유 550ml($2\frac{1}{3}$컵)
말차 파우더 5큰술
화이트초콜릿 700g
상업용 젤라틴 6장 혹은 가정용 젤라틴 12장
세미 휩 상태의 휘핑/헤비크림 750ml(3컵 가득)

초콜릿 피스타치오 스프레이(선택)
시중에 판매하는 녹색 벨벳 에어로졸 스프레이
파티세리용 스프레이 건을 사용할 경우 :
코코아 버터 200g
화이트초콜릿 300g
녹색 코코아 버터 색소(30g)

장식용 체리 젤리(선택)
절인 체리(그리오틴을 사용했다)를 뺀 키르슈 300ml($1\frac{1}{4}$컵)
상업용 젤라틴 3장 혹은 가정용 젤라틴 6장
절인 모렐로 체리와 템퍼링한 초콜릿 조각(선택)

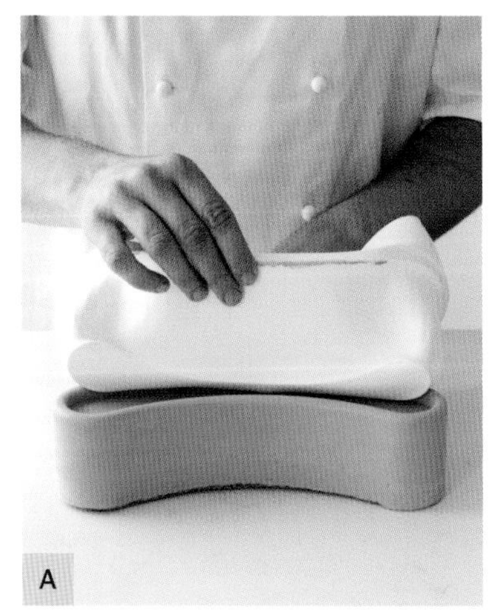

A

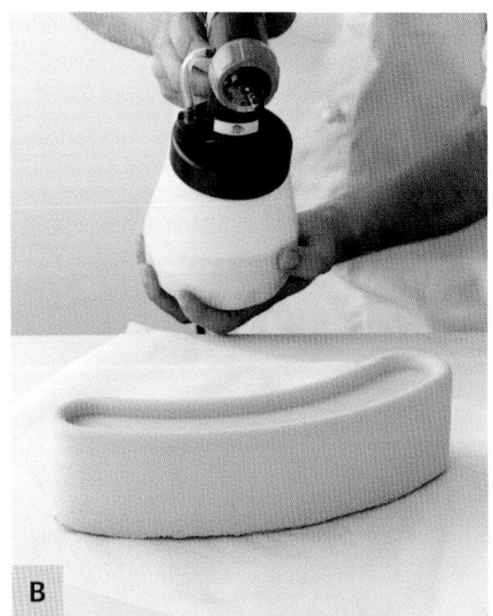

B

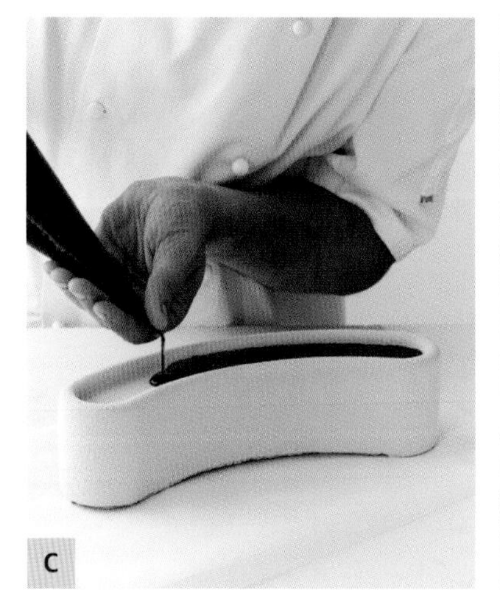

C

D

- 오븐을 180℃로 예열한다.
- **헤이즐넛 스펀지 만들기 :** 거품기를 부착한 스탠드 믹서(혹은 핸드 전동 거품기)로 헤이즐넛 간 것과 아이싱/슈거파우더, 달걀노른자를 잘 섞는다. 밀가루를 넣고 계속 젓는다.
- 별도의 볼에 달걀흰자를 소프트 픽 상태로 휘핑한 후 속도를 올리며 설탕을 한 번에 소량씩 넣는다. 윤이 나는 머랭이 될 때까지 계속 휘핑한다. 헤이즐넛 혼합물과 잘 섞은 후 녹인 버터도 넣는다. 이것을 베이킹시트에 얇게 펴 바르고 오븐에서 10~12분 정도 꼬치로 찔러 묻어나는 게 없을 때까지 굽는다. 식힘망 위에서 베이킹시트를 거꾸로 뒤집고 유산지를 떼어낸다. 스펀지가 식을 때까지 기다린다.
- **체리 컴포트 만들기 :** 작은 소스 팬에 설탕을 넣고 젖은 모래 같은 농도가 되도록 물을 소량 붓는다. 온도가 120℃가 될 때까지 젓지 않고 중불로 가열하여 끓인다. 원하는 온도에 도달하면, 팬을 불에서 내리고 블랙 체리 퓌레와 키르슈를 차례로 넣는다. 마지막으로 젤란과 설탕 섞은 것을 넣고 잘 젓는다.
- 모든 재료를 다시 끓인 후, 절인 모렐로 체리를 넣고 섞는다. 인서트용 실리콘 몰드에 체리 컴포트를 붓고 1시간 이상 냉동실에 보관한다.
- **화이트초콜릿과 말차 무스 만들기 :** 작은 소스 팬에 우유와 말차 파우더를 넣고 끓인다. 이것을 초콜릿 위로 부어 2분간 기다린 후 부드러운 가나슈가 되도록 잘 젓는다. 물에 불린 젤라틴의 물기를 짜내고 가나슈가 따뜻할 때 집어넣어 잘 섞는다. 30℃까지 식힌 다음, 세미 휩 상태의 크림을 넣는다. 짤주머니에 옮겨 담고 필요할 때까지 냉장고에 보관한다.
- **장식용 체리 젤리 만들기 :** 소스 팬에 키르슈를 끓인다. 불에서 팬을 내리고 젤라틴을 넣고 완전히 녹을 때까지 젓는다.
- 체리 컴포트 인서트를 냉동실에서 꺼내어 잠시 실온에 둔다. 몰드에서 얼린 체리 컴포트를 꺼내고 랩으로 싼 다음 다시 냉동실에 넣는다.
- 헤이즐넛 스펀지 위에 큰 사이즈의 실리콘 몰드를 올리고 잘 드는 칼로 디저트의 베이스 부분이 될 스펀지를 오려낸다.
- 팔레트 나이프/메탈 스패출러로 화이트초콜릿과 말차 무스를 몰드의 구석구석까지 펴 바른다. 몰드를 작업대 위로 툭툭 내려쳐서 기포를 제거한다. 무스를 몰드의 ½ 높이까지 짜고 작업대 위로 다시 툭툭 내려친다.
- 냉동실에서 체리 퓌레 인서트를 꺼내고 랩을 벗긴 후 무스 중앙에 내려놓는다. 무스와 체리 퓌레 인서트의 틈을 채우기 위해 무스를 더 짜고 헤이즐넛 스펀지 베이스를 넣는다. 남은 공간이 있다면 다시 무스로 채우고 팔레트 나이프/메탈 스패출러로 표면을 평평하게 만든다. 디저트를 냉동실에 12시간 이상 보관한다.
- 디저트가 완전히 얼면, 냉동실에서 꺼낸 후 실온에 잠시 놔두었다가 몰드에서 디저트를 꺼낸다(**A**). 디저트를 랩으로 싸서 냉동실에 보관하는데, 30분은 넘기지 않는다.
- 작업대를 보호하기 위해 종이를 깔고 그 위에 식힘망을 올린다. 디저트를 식힘망에 올리고 필요에 따라 초콜릿 피스타치오 스프레이를 만든다.
- **초콜릿 피스타치오 스프레이 만들기 :** 코코아 버터와 화이트초콜릿을 함께 녹인 후 섬세한 옅은 녹색이 될 때까지 색소를 넣는다. 혹은 시중에 판매하는 벨벳 에어로졸 스프레이를 사용한다.
- 디저트 전체에 스프레이를 뿌려 색이 고르게 나오도록 한다(**B**).
- 체리 젤리를 사용한다면, 몰드의 움푹 들어간 중앙 부분에 젤리를 붓고(**C**) 5~10분 동안 냉장고에 보관한다.
- 남은 모렐로 체리나 템퍼링한 초콜릿 조각을 올려 마무리한다(**D**).

피스타치오 마카롱을 올린 레몬&유자 벨벳

부디 시간을 내서 이 아름다운 디저트를 만들어보길 바란다. 유자 커드 인서트는 미리 만들어 얼려서 보관한다. 레몬 무스는 모든 요소가 준비되면 마지막에 만든다.

필요한 도구

슈거 온도계
젤란검의 무게를 잴 수 있는 전자저울
큰 사이즈 케이크 링 혹은 라운드 실리콘 몰드
인서트용으로 사용할 작은 사이즈의 실리콘 몰드
거품기를 끼운 스탠드 믹서
짤주머니 3개, 큰 플레인 깍지 2개, 작은 플레인 깍지 1개
베이킹시트 2개, 유산지

재료 | 8인분

유자 커드
유자즙 혹은 퓌레 75ml(1/3컵, 온라인에서 구매 가능)
달걀노른자 2개
달걀 1개
그래뉴당 50g(1/4컵)
그래뉴당 2 1/2작은술과 섞은 젤란검 2g
버터 3 1/2큰술
갓 짠 레몬즙 소량

피스타치오 마카롱
입자가 고운 설탕 275g(1 1/2컵-2큰술)
달걀흰자 95g(달걀 3개 흰자 분량)
아몬드파우더 100g(1컵)
피스타치오 간 것 40g(1/3컵)
아이싱/슈거파우더 137g(1컵)
달걀흰자 48g

레몬 무스
레몬즙 225ml(살짝 모자란 1컵)
상업용 젤라틴 4장 혹은 가정용 젤라틴 8장
이탈리안 머랭 1/2 분량(레시피 참고)
세미 휩 상태의 휘핑/헤비크림 375ml(1 1/2컵)

데커레이션
시중에 파는 노란색 벨벳 에어로졸 스프레이
파티세리용 스프레이 건을 사용하는 경우 :
화이트초콜릿 300g
코코아 버터 200g
노란색 코코아 버터 색소 50g
금박(선택)

- **유자 커드 만들기** : 소스 팬에 유자즙 혹은 퓌레와 달걀노른자, 달걀, 설탕을 넣고 잘 섞는다. 중강불로 가열한다. 커드가 보글보글 끓으면 젤란검과 설탕 혼합물을 넣고 되직해질 때까지 젓는다. 커드를 볼에 옮기고 버터를 잘라 넣는다. 잠시 식을 때까지 기다렸다가 레몬즙을 소량 넣는다. 커드를 작은 실리콘 몰드에 가득 붓고(마카롱의 필링으로 사용할 양을 따로 남겨둔다) 냉동실에 보관한다.

- **피스타치오 마카롱 만들기** : 소스 팬에 설탕과 물 100ml를 붓고 덩어리가 없어질 때까지 젓는다. 슈거 온도계를 넣고 중강불로 가열한다. 시럽이 데워지는 동안 거품기를 끼운 스탠드 믹서볼에 달걀흰자 95g을 넣는다. 시럽의 온도가 110℃가 되면, 믹서를 켜고 중간 세기로 달걀흰자를 휘핑한다. 온도가 114℃에 이르고 달걀흰자에 거품이 생기면, 뜨거운 시럽을 볼에 천천히 붓는다. 가장 빠른 세기로 5분간 휘핑하면 소프트 픽 상태의 이탈리안 머랭이 완성된다.

- 믹싱볼에 아몬드파우더와 피스타치오 간 것, 아이싱/슈거파우더를 넣고 섞는다. 달걀흰자 48g을 넣고 빽빽한 페이스트가 되도록 나무 숟가락으로 계속 젓는다.

- 이탈리안 머랭을 반으로 나누어 반은 레몬 무스를 만들 때 사용하기 위해 따로 보관한다. 마카롱 페이스트에 이탈리안 머랭의 반을 세 번 정도 나누어 넣으며 섞는다(지나치게 많이 섞이면 페이스트가 묽어져 마카롱이 부풀어 오르지 않는다). 이탈리안 머랭의 ⅓을 마카롱 페이스트에 넣고 빠르고 세게 덩어리가 생기지 않도록 젓는다. 남은 머랭의 반을 조심히 넣는다. 그리고 남은 머랭도 넣고 부드럽게 젓는다.

- 오븐을 140℃로 예열한다.

- 큰 플레인 깍지를 끼운 짤주머니에 마카롱 반죽을 넣는다. 베이킹시트를 준비하고 유산지에 몰드나 케이크 링의 모양을 대고 그린다. 베이킹시트에 머랭을 소량 짜서 연필로 그린 면이 밑으로 향하도록 유산지를 고정한다. 짤주머니에 담긴 마카롱 반죽을 원의 중앙에서부터 바깥 방향으로 나선 모양으로 짠다. 연필로 그린 크기보다 살짝 작게 짠다. 다른 베이킹시트에 작은 마카롱을 원하는 개수만큼 짠다. 작은 마카롱은 디저트를 장식할 때 사용한다.

- 큰 마카롱과 작은 마카롱을 예열된 오븐에서 17~19분 정도 굽는다. 작은 마카롱은 큰 것보다 조금 빨리 익는다. 마카롱의 중간 부분이 아직 부드럽지만 유산지에서 쉽게 들린다면 완성된 것이다. 오븐에서 베이킹시트를 꺼내고 마카롱을 식힌다.

- **레몬 무스 만들기** : 내열성 볼에 레몬즙을 붓고 20초간 데운다. 물에 불린 젤라틴의 물기를 짜서 레몬즙에 넣고 잘 섞는다. 완전히 굳지 않을 정도로 식힌다. 어느 정도 식고 나면, 레몬 젤리 혼합물을 남겨놓은 이탈리안 머랭과 섞는다. 세미 휩 상태의 휘핑/헤비크림을 넣어 잘 섞은 후 큰 사이즈 플레인 깍지를 끼운 짤주머니에 담는다.

- 유자 커드 인서트를 냉동실에서 꺼내 실온에 둔다. 몰드에서 내용물을 꺼내고 랩으로 싸서 다시 냉동실에 보관한다.

- 레몬 무스를 큰 사이즈의 케이크 링 혹은 실리콘 몰드에 소량 짜고 팔레트 나이프/메탈 스패출러로 구석구석 잘 펴 바른다(**A**). 레몬 무스를 몰드의 ¾ 높이까지 짜고 작업대에 톡톡 내려쳐서 기포를 제거한다. 얼린 유자 커드를 냉동실에서 꺼내 랩을 벗긴 후 무스의 중간에 올린다(**B**). 유자 커드 주위로 무스를 짜서 빈 곳을 채운다.

- 디저트의 베이스 부분이 될 큰 마카롱을 위에 올리고(**C**) 무스를 짜 빈 곳을 채운다. 몰드를 조심히 작업대 위로 내려쳐서 기포를 제거하고 평평하게 만든다. 남은 무스는 디저트의 데커레이션으로 사용할 수 있으므로 냉장고에 보관한다. 디저트를 냉동실에 4~5시간 정도 보관한다.

- 작업대를 보호하기 위해 식힘망 아래에 종이를 깔고 얼린 디저트를 몰드에서 조심히 꺼내 식힘망 위에 올린다. 파티세리용 스프레이 건을 사용한다면, 모든 재료를 녹여서 스프레이 건에 넣어 초콜릿 스프레이를 만든다. 혹은 시중에 파는 노란색 벨벳 에어로졸 스프레이를 사용해도 좋다. 나는 색이 점차 짙어지는 효과를 주었는데, 스프레이를 이용해 각자 원하는 디자인을 시도해 보자.

- 디저트를 접시에 올리고 스프레이가 굳을 때까지 기다린다. 작은 마카롱 쉘에 남은 유자 커드를 필링으로 넣는다. 디저트 위에 유자 커드를 방울 모양으로 짜서 작은 마카롱을 고정한다. 마지막으로 남은 레몬 무스로 퀴넬을 만들어 올리고(16쪽) 금박을 이용해 아름답게 장식한다(**D**).

A

B

C

D

화이트초콜릿&프레즈 드 부아, 피스타치오 다쿠아즈

프레즈 드 부아(fraise des bois)는 '숲에서 나는 딸기'로 번역되는데, 여름에 나오는 와일드 스트로베리를 의미한다. 나는 딸기 퓌레와 얼린 와일드 스트로베리를 섞어 사용했다. 간단한 레시피는 아니지만, 여름의 맛을 느낄 수 있는 멋진 디저트를 만들 수 있다. 폭신한 화이트초콜릿 무스 안에 스트로베리 필링을 넣고 아래에는 피스타치오 스펀지를 깐다. 과일 젤리와 와일드 스트로베리 컴포트는 일주일 전에 미리 만들어놓고 냉동 보관해도 좋다. 무스와 글레이즈는 디저트를 내어놓기 전에 만든다(96쪽 사진).

필요한 도구

슈거 온도계
큰 사이즈 실리콘 몰드, 인서트용 작은 실리콘 몰드 2개
젤란검의 무게를 잴 수 있는 전자저울
베이킹시트, 유산지
짤주머니, 큰 사이즈 플레인 깍지 1개

재료 | 8인분

스트로베리 파트 드 프뤼
씨 없는 딸기 퓌레 250g
레몬즙 25ml(1½큰술)
펙틴 5g과 그래뉴당 25g(1¾큰술) 섞은 것
그래뉴당 300g(1½컵)
액상 글루코스 83g(¼컵)
구연산 ¼작은술

와일드 스트로베리 컴포트
그래뉴당 125g(살짝 모자란 ⅔컵)
씨 없는 딸기 퓌레 250g
젤란검 3g과 그래뉴당 10g(2½작은술) 섞은 것
냉동 와일드 스트로베리 250g
신선한 레몬즙 약간

피스타치오 다쿠아즈
간 피스타치오 185g(살짝 모자란 2컵)
아이싱/슈거파우더 185g(살짝 모자란 1⅓컵)
달걀노른자 5개
다목적 밀가루 50g(⅓컵)
달걀흰자 5개
그래뉴당 25g(1¾큰술)
녹은 버터 45g(3¼컵)

화이트초콜릿 무스
우유 550ml(2⅓컵)
바닐라빈 2깍지
화이트초콜릿 700g
상업용 젤라틴 6장 혹은 가정용 젤라틴 12장
세미 휩 상태의 휘핑크림 750ml(3컵)

피스타치오 글레이즈
휘핑크림 100ml(살짝 모자란 ½컵)
피스타치오 페이스트 1큰술 가득
화이트초콜릿 270g
장식용 은박

- **스트로베리 파트 드 프뤼 만들기** : 슈거 온도계를 꽂은 소스 팬에 딸기 퓌레와 레몬즙을 넣고 끓을 때까지 중강불로 가열한다. 끓고 나면 불을 줄이고 펙틴과 설탕 혼합물을 넣는다. 다시 끓을 때까지 가열한 후 설탕과 액상 글루코스를 넣는다. 설탕이 녹을 때까지 잘 저은 후 중강불로 가열한다. 물 1작은술에 구연산을 녹인다. 소스 팬의 혼합물이 107℃가 되면 불을 끄고 여기에 녹인 구연산을 넣는다. 인서트용 몰드에 혼합물을 붓고 최소 24시간 동안 냉동 보관한다.

- **와일드 스트로베리 컴포트 만들기** : 설탕을 소스 팬에 넣고 젖은 모래 정도의 농도가 되도록 물을 소량 붓고 젓는다. 혼합물 온도가 120℃가 될 때까지 중강불로 가열한다. 불에서 팬을 내리고 젤란검과 설탕 섞은 것과 딸기 퓌레를 넣고 다시 끓인 후 냉동 와일드 스트로베리와 소량의 레몬즙을 넣고 젓는다. 완성된 컴포트를 두 번째 인서트용 몰드에 붓고 최소 24시간 동안 냉동 보관한다.

- 오븐을 180℃로 예열한다.

- **피스타치오 다쿠아즈 만들기** : 거품기를 꽂은 스탠드 믹서의 볼에 간 피스타치오와 아이싱/슈거파우더, 달걀노른자 5개를 넣고 잘 섞는다. 여기에 밀가루를 넣고 잘 섞는다. 별도의 볼에 달걀흰자를 넣고 핸드 전동 거품기로 소프트 픽 상태가 될 때까지 휘핑한다. 휘핑 속도를 올리고 설탕을 천천히 넣으며 단단하고 윤기 나는 머랭이 될 때까지 젓는다. 머랭에 피스타치오 혼합물을 섞고 녹은 버터도 넣는다. 준비한 베이킹시트에 얇고 고르게 펴 바르고 오븐에 8~10분 정도 굽는다. 꼬치로 찔러 묻어나오는 게 없을 때까지 구우면 된다. 식힘망 위에 베이킹시트를 거꾸로 뒤집고 유산지도 떼어낸 후 식을 때까지 기다린다. 다쿠아즈를 식힌 후 필요할 때까지 냉동 보관한다.

- **화이트초콜릿 무스 만들기** : 소스 팬에 우유와 바닐라빈을 넣고 끓기 직전까지 가열한 후 화이트초콜릿 위로 부어 초콜릿을 녹인다. 2분간 기다린 후, 부드러운 가나슈가 되도록 젓는다. 찬물에 불려둔 젤라틴의 물기를 제거하고 따뜻한 가나슈에 넣고 젓는다. 혼합물이 30℃가 될 때까지 식힌 다음 세미 휩 상태의 크림을 넣는다. 큰 사이즈의 플레인 깍지를 끼운 짤주머니에 옮겨 담고 냉장 보관한다.

- 언 과일 젤리와 스트로베리 컴포트를 냉동실에서 꺼내 실온에 둔다. 2개의 몰드에서 내용물을 꺼낸 후, 랩으로 감싸고 필요할 때까지 냉동 보관한다. 피스타치오 다쿠아즈 위에 커다란 실리콘 몰드를 올리고 날카로운 칼을 이용해 몰드와 같은 크기로 잘라낸다. 잘라낸 다쿠아즈는 디저트의 베이스로 사용한다. 랩으로 감싸 냉동 보관한다.

- 커다란 실리콘 몰드에 화이트초콜릿 무스를 소량 짠 다음 메탈 스패출러로 구석구석 펴 바른다. 무스를 실리콘 몰드의 ½ 높이까지 더 짠다. 작업대 위로 몰드를 톡톡 내려쳐 기포를 제거한다. 냉동 보관한 내용물을 꺼내 랩을 벗긴다. 무스의 중앙에 얼린 딸기 퓌레를 올리고 얼른 과일 젤리를 올린다. 마지막으로 피스타치오 다쿠아즈 베이스를 올린다. 남은 공간은 무스를 짜서 채우고 메탈 스패출러로 평평하게 만든다. 디저트가 고정되도록 최소 12시간 동안 냉동 보관한다.

- **피스타치오 글레이즈 만들기** : 휘핑크림과 피스타치오 페이스트를 소스 팬에 넣고 섞은 후 끓인다. 불을 끄고 화이트초콜릿 위로 붓는다. 초콜릿이 녹아 부드러운 글레이즈가 될 때까지 부드럽게 젓는다. 글레이즈를 병에 옮겨 담고 실온에서 식힌다. 냉동 보관한 디저트를 몰드에서 조심히 꺼내 랩에 싼 후 다시 20~30분간 냉동 보관한다. 트레이를 받친 식힘망에 얼린 디저트를 올린다. 디저트 전체를 덮도록 글레이즈를 천천히 붓는다. 2분 정도 글레이즈가 굳을 때까지 기다린 후 접시에 옮겨 담는다. 디저트를 조각으로 자르고 은박으로 장식한다.

살구&피스타치오 앙트르메

페이스트리 셰프에게 '앙트르메'란 다양한 맛과 질감의 재료가 여러 겹으로 쌓여 서로 완벽한 조화를 이루는 디저트다. 하지만 이번 레시피는 일반적인 방법과 달리, 가장 단순한 것이 가장 아름답다는 것을 표현하기 위해 데커레이션을 최소화했다(97쪽 사진).

필요한 도구

거품기를 꽂은 스탠드 믹서
베이킹시트, 유산지 혹은 실리콘 매트
슈거 온도계
핸드 블렌더
짤주머니, 큰 사이즈 플레인 깍지
비닐랩을 깐 20cm짜리 케이크 팬 혹은 같은 크기의 실리콘 몰드
작은 조리용 페인트 브러시(선택)

재료 | 8인분

피스타치오 다쿠아즈

피스타치오 간 것 185g(살짝 모자란 2컵)
아이싱/슈거파우더 185g(1¼컵)
달걀노른자 5개
다목적 밀가루 50g(⅓컵)
달걀흰자 5개
그래뉴당 25g(1¾큰술)
녹인 버터 45g(3¼큰술)

피스타치오 크림

달걀노른자 100g
그래뉴당 50g(¼컵)
우유 250ml(살짝 모자란 1½컵)
휘핑/헤비크림 250ml(1컵)
밀크초콜릿 220g
피스타치오 페이스트 50g(살짝 모자란 ¼컵)

살구 무스

그래뉴당 200g(1컵)
달걀흰자 100g
살구 퓌레 225ml(살짝 모자란 1컵)
상업용 젤라틴 4장 혹은 가정용 젤라틴 8장
휘핑/헤비크림 375ml(1½컵)

데커레이션(선택)

시중에 파는 흰색 벨벳 에어로졸 스프레이
파티세리용 스프레이 건을 사용한다면 :
코코아 버터 200g
화이트초콜릿 300g
흰색 코코아 버터 색소 50g
주황색과 녹색 코코아 버터 1작은술씩(선택)

- 오븐을 180℃로 예열한다.

- **피스타치오 다쿠아즈 만들기** : 거품기를 꽂은 스탠드 믹서볼에 피스타치오 간 것과 아이싱/슈거파우더, 달걀노른자를 넣고 섞는다(혹은 믹싱볼과 핸드 전동 거품기를 사용한다). 밀가루를 넣고 완전히 섞일 때까지 젓는다.

- 별도의 볼에 달걀흰자를 넣고 핸드 전동 거품기로 소프트 픽 상태로 휘핑한다. 휘핑 속도를 올리고 설탕을 천천히 넣으며 단단하고 윤기 나는 머랭이 될 때까지 젓는다. 머랭을 피스타치오 혼합물과 섞고 녹은 버터도 넣는다. 준비한 베이킹시트에 얇고 고르게 펴 바르고 오븐에서 8~10분 정도 굽는다.

- 식힘망 위에 베이킹시트를 거꾸로 뒤집고 유산지도 떼어낸다. 식을 때까지 기다린다.

- **피스타치오 크림 만들기** : 거품기로 달걀노른자와 설탕을 밝은 노란색이 될 때까지 섞는다. 소스 팬에 우유와 휘핑/헤비크림을 넣고 끓인다. 뜨거운 크림을 설탕과 달걀 혼합물에 천천히 붓고 완전히 녹을 때까지 젓는다. 커스터드를 팬에 다시 부어 한 번씩 저으며 중약불로 5분간 혹은 82℃가 될 때까지 가열한다.

- 초콜릿을 전자레인지나 중탕으로 녹인다. 녹인 초콜릿에 커스터드를 천천히 붓고 핸드 블렌더로 잘 섞는다. 나무 숟가락을 이용해 피스타치오 페이스트와 섞는다. 큰 사이즈의 깍지를 끼운 짤주머니에 크림을 옮겨 담고 필요할 때까지 냉장고에 보관한다.

- **살구 무스 만들기** : 소스 팬에 설탕을 넣고 젖은 모래 같은 농도가 되도록 물을 붓는다. 슈거 온도계를 꽂고 중강불로 끓을 때까지 가열한다. 시럽을 데우는 동안, 거품기를 꽂은 스탠드 믹서의 볼에 달걀흰자를 넣는다. 시럽의 온도가 118℃가 되면 믹서를 켜고 중간 속도로 달걀흰자를 휘핑한다.

- 시럽의 온도가 121℃가 되고 달걀흰자에 거품이 생기면, 시럽을 불에서 내리고 잠시 식힌다. 뜨거운 시럽을 달걀흰자를 휘핑하고 있는 볼에 천천히 붓는다. 단단하고 윤기 나는 이탈리안 머랭이 될 때까지 가장 빠른 속도로 휘핑한다.

- 살구 퓌레를 전자레인지에 20~30초간 데워 따뜻하게 만든다(뜨거우면 안 된다). 물에 불린 젤라틴의 물기를 짜서 퓌레에 넣는다. 잠시 식힌 후, 완성된 살구 젤리를 이탈리안 머랭과 섞는다. 마지막으로 세미 휩 상태의 크림을 넣는다. 큰 사이즈의 플레인 깍지를 끼운 짤주머니에 무스를 옮겨 담는다.

- 피스타치오 다쿠아즈를 20cm짜리 케이크 팬 혹은 몰드와 같은 크기로 잘라낸다. 살구 무스를 몰드 혹은 케이크 팬 3/4 높이까지 짠다. 몰드를 작업대 위로 톡톡 내려쳐서 기포를 제거한다.

- 살구 무스 위에 피스타치오 크림을 한 층 올린다. 잘라낸 피스타치오 다쿠아즈 스펀지를 위에 올린다. 바깥 가장자리를 따라 무스를 짜서 빈 곳을 채우고 몰드를 다시 작업대 위로 톡톡 내려친다. 디저트를 최소한 4시간 냉동실에 보관한다.

- 파티세리용 스프레이 건을 사용하여 흰색 스프레이를 만들고 싶다면, 전자레인지나 중탕으로 코코아 버터와 화이트초콜릿, 흰색 색소를 따로 녹인다. 화이트초콜릿과 코코아 버터를 먼저 섞은 후, 원하는 색이 나올 때까지 색소를 한 방울씩 떨어뜨린다. 이것을 스프레이 건에 옮겨 넣고 사용하면 된다. 초콜릿이 따뜻해야 스프레이 작업을 효과적으로 할 수 있다. 시중에 파는 흰색 벨벳 에어로졸 스프레이를 사용해도 좋다.

- 케이크 팬 혹은 몰드에서 앙트르메를 조심히 빼고 식힘망에 올린다. 작업대를 보호하기 위해 신문지나 두꺼운 종이를 깔고 흰색 스프레이를 디저트 전체에 고루 뿌린다. 사진과 같은 마무리를 원한다면 작은 조리용 페인트 브러시를 이용해 녹색과 빨간색 코코아 버터 색소를 디저트 위에 뿌린다.

핑크 페퍼콘을 곁들인 에스프레소&무화과, 라즈베리 앙트르메

겹겹이 새로운 맛을 발견할 수 있는 이 디저트는 세련된 입맛을 가진 사람들에게 큰 즐거움을 줄 것이다. 이 디저트의 주인공은 핑크 페퍼콘과 시나몬, 달콤한 무화과가 들어간 진한 레드와인 컴포트다. 이것을 부드러운 라즈베리 무스로 감싸고 베이스에는 다크 에스프레소 스펀지를 깐다. 달콤한 라즈베리 젤리 글레이즈로 디저트 전체를 감싼다. 원한다면 둥근 모양의 몰드를 사용해도 좋다.

필요한 도구

베이킹시트, 유산지
큰 사이즈 실리콘 몰드, 인서트용 작은 실리콘 몰드
슈거 온도계
거품기를 꽂은 스탠드 믹서
짤주머니, 큰 사이즈 플레인 깍지

재료 | 8인분

에스프레소 스펀지
달걀노른자 125g
그래뉴당 112g(½컵+1큰술)
다크초콜릿(70% 코코아) 170g
차가운 에스프레소 3큰술
달걀흰자 175g

무화과, 라즈베리&핑크 페퍼콘 컴포트
레드 와인 500ml(2컵+2큰술)
그래뉴당 360g(1¾컵)
오렌지 1개를 간 제스트
시나몬 스틱 ½개
잘게 썬 무화과 4개(장식용으로 소량 더)
라즈베리 퓌레 500g(2컵)
라즈베리 225g(장식용으로 소량 더)
다진 핑크 페퍼콘 6개
상업용 젤라틴 10장 혹은 가정용 젤라틴 20장

라즈베리 무스
그래뉴당 200g(1컵)
달걀흰자 100g
라즈베리 퓌레 225ml(살짝 모자란 1컵)
상업용 젤라틴 4장 혹은 가정용 젤라틴 8장
세미 휩 상태의 휘핑/헤비크림 375ml(1½컵)

- 오븐을 180℃로 예열한다.

- **스펀지케이크 만들기 :** 핸드 전동 거품기로 달걀노른자와 설탕을 되직해질 때까지 젓는다. 물이 약하게 끓는 팬 위에 초콜릿을 담은 볼을 올려 녹인다. 볼의 밑면이 물에 닿지 않도록 주의한다. 녹은 초콜릿을 달걀과 설탕 혼합물에 넣은 후 에스프레소를 넣고 잘 섞는다. 별도의 볼에 달걀흰자를 소프트 픽 상태로 휘핑한 다음, 혼합물과 잘 섞는다. 준비한 베이킹시트에 혼합물을 고르게 펴 바르고 예열된 오븐에서 8~10분 굽는다. 5분간 팬에서 식힌 후 식힘망에 올린다.

- **컴포트 만들기 :** 소스 팬에 와인과 설탕, 오렌지 제스트, 시나몬을 넣는다. 보글보글 끓고 나면 불을 끄고 20분간 향이 스며들도록 기다린다. 잘라놓은 무화과와 라즈베리 퓌레, 라즈베리, 다진 핑크 페퍼콘을 함께 섞어 인서트용 몰드의 베이스에 펴 바른다. 와인을 다시 끓인 후 젤라틴을 넣고 잘 섞는다. 완성된 젤리를 체에 걸러내고 인서트용 몰드에 깔아놓은 과일 위로 올린다. 컴포트를 냉동실에 4시간 정도 보관한다. 남은 젤리는 글레이즈를 만들 때 필요하므로 따로 보관해 둔다.

- **무스 만들기 :** 소스 팬에 설탕을 넣고 젖은 모래 같은 농도가 되도록 물을 붓는다. 슈거 온도계를 넣고 끓인다. 시럽을 가열하는 동안 거품기를 꽂은 스탠드 믹서의 볼에 달걀흰자를 넣는다. 시럽 온도가 118℃가 되면 달걀흰자를 중간 속도로 휘핑한다. 온도가 121℃에 이르고 달걀흰자에 거품이 생기면 시럽을 불에서 내리고 잠시 식힌다. 달걀흰자가 담긴 볼에 뜨거운 시럽을 조심히 붓는다. 거품기에 뜨거운 시럽이 묻지 않도록 주의한다. 단단하고 윤기 나는 이탈리안 머랭이 될 때까지 가장 빠른 속도로 휘핑한다.

- 전자레인지에 라즈베리 퓌레를 30초간 데워 따뜻하게 만든다. 물에 불린 젤라틴의 물기를 짜고 퓌레에 넣어 섞는다. 어느 정도 식고 나면(굳지는 않은 상태) 이탈리안 머랭과 세미 휩 상태의 크림을 차례로 넣고 섞는다. 무스를 짤주머니에 옮겨 담는다.

- 디저트의 베이스가 될 스펀지를 큰 사이즈의 실리콘 몰드와 같은 크기로 자른다. 무스를 큰 사이즈 실리콘 몰드의 ¾ 높이까지 짠다. 몰드를 작업대 위로 톡톡 내려쳐서 기포를 제거한다. 컴포트를 몰드에서 빼내고 이미 짜놓은 무스 위로 올린다. 잘라놓은 스펀지를 올린다. 틈을 채우기 위해 무스를 더 짜고 표면을 평평하게 만든다. 몰드를 다시 작업대 위로 살짝 내려친 후 냉동실에 4시간 정도 보관한다.

- 몰드에서 디저트를 꺼내고 트레이를 받친 식힘망 위에 올린다. 글레이즈용으로 따로 보관해 둔 젤리를 25℃까지 데운다. 젤리를 디저트 위로 부어 여분의 글레이즈가 바닥으로 떨어지도록 한다. 접시에 옮겨 담고 잠시 냉장고에 보관한다. 신선한 무화과와 라즈베리로 장식한다.

말차&피스타치오 오페라

클래식한 프랑스식 레시피에 전통적인 일본 재료를 더했다. 여기서 사용할 스펀지케이크는 미리 만들어놓아도 된다. 가장 중요한 부분은 얼마나 겹겹이 잘 쌓느냐다. 이 부분만 잘 해결한다면 환상적인 오페라 케이크를 완성할 수 있다. 만드는 과정이 꽤 오래 걸리기 때문에 스펀지를 미리 만들어놓고 냉동실에 보관하는 것이 좋다.

필요한 도구

거품기를 꽂은 스탠드 믹서
얇은 24cm짜리 사각형 베이킹 팬 2개, 유산지
슈거 온도계

재료 | 12인분

말차 스펀지
아몬드파우더 185g(살짝 모자란 2컵)
말차 파우더 20g(깎아서 $3\frac{1}{2}$큰술)
아이싱/슈거파우더 185g($1\frac{1}{4}$컵)
달걀노른자 5개
다목적 밀가루 40g($\frac{1}{4}$컵)
달걀흰자 5개
그래뉴당 25g($1\frac{3}{4}$큰술)
녹인 버터 45g($3\frac{1}{4}$큰술)

피스타치오 버터 크림
그래뉴당 180g(1컵-$1\frac{1}{2}$큰술)
달걀흰자 3개
실온에 보관한 스틱 버터 250g($2\frac{1}{4}$개)
피스타치오 페이스트 50g($\frac{1}{4}$컵)

말차 가나슈
더블/헤비크림 150ml($\frac{2}{3}$컵)
말차 파우더 1큰술
화이트초콜릿 300g

시럽
그래뉴당 125g(살짝 모자란 $\frac{2}{3}$컵)
유자즙 50ml($3\frac{1}{2}$큰술)

피스타치오 글레이즈
휘핑/헤비크림 100ml(살짝 모자란 $\frac{1}{2}$컵)
액상 글루코스 10g($\frac{1}{2}$큰술)
말차 파우더 10g($1\frac{1}{2}$큰술)
피스타치오 페이스트 20g(1큰술 가득)
상업용 젤라틴 2장 혹은 가정용 젤라틴 4장
화이트초콜릿 270g

완성할 때
다크초콜릿 100g

A

B

C

D

- **말차 스펀지 만들기 :** 오븐을 180℃로 예열한다. 거품기를 꽂은 스탠드 믹서로 아몬드파우더와 말차 파우더, 아이싱/슈거파우더, 달걀노른자를 잘 섞는다(혹은 믹싱볼과 핸드 전동 거품기를 사용한다). 밀가루를 넣고 잘 섞일 때까지 젓는다. 핸드 전동 거품기를 이용해 별도의 볼에 달걀흰자를 소프트 픽 상태로 휘핑한 다음, 속도를 높여 설탕을 서서히 넣으며 단단하고 윤기 있는 머랭이 될 때까지 휘핑한다. 머랭을 말차 혼합물과 섞고 녹인 버터도 넣는다.

- 준비한 베이킹 팬 2개에 케이크 반죽을 고르게 펴 바른다. 예열된 오븐에 8~10분간 꼬치로 찔러 묻어나는 게 없을 때까지 굽는다. 식힘망 위에 베이킹시트를 거꾸로 뒤집고 유산지를 떼어낸다. 식힘망에서 케이크를 식힌다.

- **피스타치오 버터 크림 만들기 :** 소스 팬에 설탕과 물 65ml(1/4컵)를 넣고 중불로 가열한다. 슈거 온도계를 넣고 설탕 시럽이 끓을 때까지 기다린다. 거품기를 꽂은 스탠드 믹서의 볼에 달걀흰자를 넣는다. 설탕의 온도가 118℃가 되면, 믹서를 켜고 달걀흰자를 휘핑한다. 온도가 121℃에 이르고 달걀흰자가 소프트 픽 상태가 되면(오버휩 되지 않도록 주의한다), 믹서의 속도를 낮추고 뜨거운 설탕 시럽을 조심히 붓는다. 시럽이 거품기에 닿지 않도록 부어야 화상을 입지 않는다. 믹서의 속도를 높이고 달걀흰자를 5분간 더 휘핑한다. 잘라놓은 버터를 넣고 완전히 섞일 때까지 젓는다. 마지막으로 피스타치오 페이스트를 넣고 잘 섞는다. 버터 크림을 랩으로 덮고 필요할 때까지 냉장고에 보관한다.

- **말차 가나슈 만들기 :** 소스 팬에 크림과 말차 파우더를 넣고 잘 저으면서 끓인다. 불에서 팬을 내리고 촘촘한 체에 우유를 걸러 화이트초콜릿이 담긴 볼에 붓는다. 초콜릿이 녹을 때까지 저으며 부드러운 가나슈를 만든다.

- **시럽 만들기 :** 소스 팬에 시럽 재료와 물 75ml(1/3컵)를 넣고 끓인다. 설탕을 넣고 잘 젓는다.

- 스펀지케이크 2장을 16×12cm 크기의 직사각형 4개로 자른다. 유산지 위에 스펀지케이크 1장을 올린다. 전자레인지 혹은 중탕으로 다크초콜릿을 녹인다. 중탕을 할 때는 볼의 밑면이 물에 닿지 않도록 주의한다. 녹인 초콜릿을 페이스트리 브러시로 스펀지케이크 위에 한 겹 바른다. 초콜릿이 굳을 때까지 기다린 후 뒤집는다. 이것이 오페라의 베이스가 된다.

- 스펀지케이크의 윗면에 시럽을 듬뿍 바른다(**A**). 팔레트 나이프를 이용해 피스타치오 버터 크림을 고르게 펴 바른다(**B**). 스펀지케이크를 한 장 더 올리고 시럽을 바른다. 팔레트 나이프로 말차 가나슈를 고르게 펴 바른다(**C**). 스펀지케이크를 1장 더 올리고 시럽을 바른 후 버터 크림을 한 겹 더 바른다. 마지막 남은 스펀지케이크를 1장 올리고 트레이로 가볍게 눌러 케이크를 고정한다. 녹인 다크초콜릿을 윗면에 바른다. 케이크를 30분간 냉장고에 보관한다. 그동안 글레이즈를 만든다.

- **피스타치오 글레이즈 만들기 :** 소스 팬에 크림과 액상 글루코스, 말차 파우더, 피스타치오 페이스트를 넣고 끓인다. 불에서 팬을 내린 후 물기를 짠 젤라틴을 넣고 잘 섞는다. 화이트초콜릿 위에 부어 부드럽고 윤기 나는 글레이즈가 될 때까지 잘 젓는다.

- 냉장고에서 갸토 오페라를 꺼내 트레이를 받친 식힘망 위에 올린다. 따뜻한 글레이즈를 디저트 위로 붓는다. 팔레트 나이프/메탈 스패출러로 깔끔하게 마무리하고 냉장고에 20분간 보관한다.

- 내어놓을 준비가 되면, 뜨거운 물에 담가놓은 톱날 모양의 칼로 오페라의 가장자리를 잘라 다듬는다(**D**). 케이크 전체를 내놓거나 12조각으로 잘라 내놓는다. 전통적으로 초콜릿으로 'opéra'라고 적어 장식하지만, 나는 일본어로 적고 말차 파우더를 소량 뿌려 마무리했다. 은박 조각이나 정교한 초콜릿 장식을 올려 마무리해도 좋다.

디너파티에 적합한 이 레시피들은 클래식한 디저트에 창의적인 요소를 시도해 볼 영감을 줄 것이다. 애플 크럼블, 치즈케이크, 판나코타, 파블로바와 초콜릿 퐁당은 모두에게 사랑받는 디저트다.

사케 젤리와 과일 컴포트&체리블라썸 판나코타

가볍고 달콤하며 알코올이 살짝 가미된 판나코타는 한 끼 식사를 마무리하기에 완벽한 디저트다. 리치와 라즈베리 컴포트는 하루 전날 만들어야 한다.

필요한 도구

빈 달걀 상자(선택)
개인용 유리컵 8개 혹은 큰 유리그릇 1개

재료 | 개인용 8개 혹은 큰 디저트 1판

리치와 라즈베리 컴포트

리치 200g(통조림을 사용해도 괜찮지만, 신선한 리치를 사용하는 것이 가장 좋다)
250g짜리 라즈베리 4팩
아이싱/슈거파우더 40g(¼컵)

판나코타

우유 425ml(1¾컵)
달걀노른자 125g
그래뉴당 150g(¾컵)
상업용 젤라틴 3장 혹은 가정용 젤라틴 6장
크렘 프레슈 250ml(1컵)
세미 휩 상태의 휘핑/헤비크림 150ml(⅔컵)

사케 젤리

그래뉴당 100g(½컵)
사케 500ml(2컵+2큰술)
상업용 젤라틴 3장 혹은 가정용 젤라틴 6장
식용 체리블라썸 8개(선택)

- **컴포트 만들기 :** 신선한 리치를 사용한다면 껍질을 벗기고 씨를 제거하여 먹기 좋은 크기로 자른다. 통조림을 사용한다면 리치를 ¼로 잘라 갈색 부분을 제거한 후 먹기 좋은 크기로 자른다. 리치와 라즈베리, 아이싱/슈거파우더를 볼에 넣고 잘 섞은 후 랩으로 싸서 냉장고에 보관한다. 이 과정에서 자연스럽게 색상이 변한다.

- **판나코타 만들기 :** 커다란 소스 팬에 우유를 붓고 중불로 끓인다. 우유가 끓을 동안 별도의 볼에 달걀노른자와 설탕을 넣고 휘핑한다. 달걀과 설탕 혼합물에 뜨거운 우유를 천천히 붓고 잘 섞는다. 혼합물을 팬에 다시 붓고 되직한 커스터드가 될 때까지 나무 숟가락으로 저으며 5분간 약불로 가열한다. 팬을 불에서 내리고 물에 불린 젤라틴의 물기를 짜서 넣고 잘 섞는다. 혼합물을 촘촘한 체에 걸러 볼에 담는다. 랩으로 싸서 차가워질 때까지 냉장고에 보관한다.

- 내용물이 차가워지면 크렘 프레슈와 잘 섞은 후 세미 휩 상태의 휘핑크림을 넣고 덩어리가 생기지 않도록 잘 저어 병에 옮겨 담는다.

- 사진처럼 비스듬한 모양의 디저트를 완성하려면 비스듬한 각도에서 판나코타를 만들어야 한다. 개인용 유리컵을 사용한다면 컵을 빈 달걀 상자에 비스듬히 올려 균형을 잡는데, 8개 모두 같은 각도로 기울여 미끄러지지 않도록 주의한다. 큰 사이즈의 판나코타를 만들 경우, 사용할 유리그릇보다 큰 볼에 키친 클로스를 깔아 원하는 각도로 고정한다. 대략 유리그릇의 ⅔를 채우고 아주 조심해서 냉장고에 넣고 4시간 정도 보관한다.

- **사케 젤리 만들기 :** 소스 팬에 설탕과 사케 100ml(⅓컵)를 붓는다. 설탕이 완전히 녹을 때까지 중불로 가열하며 젓는다. 불에서 팬을 내리고 물에 불린 젤라틴의 물기를 짜서 넣고 잘 젓는다. 남은 사케를 다 붓고 병에 옮겨 담은 후, 굳지 않을 정도로 식힌다.

- 체리블라썸을 사용하는 경우에는 꽃을 젤리에 잠시 담가두면 꽃이 계속 뜨는 것을 막을 수 있다. 판나코타 위에 체리블라썸을 올리고 그 위에 차가운 사케 젤리를 조심히 붓는다. 꽃이 여전히 표면 위로 뜬다면 젤리 쪽으로 살짝 밀어 넣는다. 30분간 냉장고에 보관한다.

- 손님에게 내어놓기 15분 전에 냉장고에서 꺼내둔다. 라즈베리와 리치 컴포트를 듬뿍 떠서 사케 젤리 위에 올린다.

블러드오렌지&바삭한 현미를 곁들인 베이크 요거트

훌륭한 비주얼로 디너파티를 깔끔하게 마무리해주는 이 맛있는 디저트는 쉽게 만들 수 있을 뿐만 아니라 미리 준비해 둘 수도 있다. 아주 작은 유리컵에 담아 애프터눈 티 디저트로 내놓아도 좋다.

필요한 도구

내열성 유리컵
짤주머니, 큰 사이즈 플레인 깍지(선택)
크고 깊은 구이용 팬
블렌더(선택)

재료 | **개인용 4개 혹은 프티 푸르 8개**

블러드오렌지 컴포트
블러드오렌지 큰 것 3개 혹은 작은 것 4개
옥수숫가루/옥수수전분 1작은술
그래뉴당 50g(¼컵)

베이크 요거트
연유 200g(살짝 모자란 1컵)
휘핑/헤비크림 200ml(¾컵)
플레인 요거트 250g(1¼컵)

구운 현미
조리하지 않은 현미 50g(¼컵)
장식용 베이비 레드 베인 소럴(선택)

- **블러드오렌지 컴포트 만들기 :** 오렌지 껍질을 까고 잘 드는 칼로 흰 막 부분을 제거한 후 과육만 발라낸다. 과육에서 즙을 최대한 짠 후 소스 팬에 담는다.
- 별도의 작은 볼에 옥수숫가루/옥수수전분과 소스 팬의 블러드오렌지즙 1큰술을 넣고 섞는다.
- 소스 팬에 설탕과 블러드오렌지즙 전체를 강불로 끓인다. 즙이 끓기 시작하면 옥수숫가루/옥수수전분을 넣고 호화할 때까지 계속 젓는다. 가루가 다 풀어졌는지 확인한다. 각 유리잔에 컴포트를 같은 양으로 나누어 담고(데커레이션용으로 소량 남겨둔다) 식을 때까지 기다린다. 충분히 식고 나면, 냉동실에 최소한 2~3시간 보관한다. 디저트를 먹기 하루 전에 넣어두면 더 좋다.
- 오븐을 150℃로 예열한다.
- **베이크 요거트 만들기 :** 모든 재료를 섞어 짤주머니에 담는다. 냉동실에서 유리잔을 꺼내고 얼린 블러드오렌지 컴포트 위에 요거트 혼합물을 짠다. 크고 깊은 구이용 팬에 뜨거운 물을 소량 붓고 유리잔을 트레이에 올린다. 물은 유리잔의 ¼ 높이까지만 붓는다. 중탕한 팬을 예열된 오븐에 넣고 10~15분간 익힌다. 오븐에서 꺼내 요거트를 식힌 후, 필요할 때까지 냉장고에 보관한다.
- **구운 현미 만들기 :** 작은 프라이팬을 강불로 달군다. 현미를 넣고 전체적으로 노릇노릇하게 될 때까지 저으며 3~4분간 익힌다. 현미를 내열성 그릇에 담고 식힌 후, 절구에 넣고 찧거나 블렌더에 넣어 거친 가루가 될 때까지 간다.
- 각 유리잔에 남겨둔 오렌지 과육을 올린다. 블러드오렌지 컴포트와 구운 현미를 뿌린다. 레드 베인 소럴을 작게 잘라 위에 올리고 실온에 꺼내놓거나 차가운 상태의 디저트를 내어놓는다.

체리 젤리&말차 마이크로 스펀지를 곁들인 바닐라 판나코타

이 판나코타의 레시피는 아주 다양하게 변화를 줄 수 있을 뿐만 아니라 곁들이는 과일을 계절별로 바꿀 수 있다. 여름에는 딸기 컴포트가 어울린다. 병에 담긴 그리오틴은 체리가 숙성되어 판나코타에 사용하기 가장 적합하지만, 키르슈에 담근 신선한 체리를 사용해도 좋다.

필요한 도구

다리올 몰드 4개
젤란검의 무게를 잴 수 있는 전자저울
에스푸마 건, 폴리스티렌 컵

재료 | 4개

판나코타
휘핑/헤비크림 600ml(2²/₃컵)
우유 180ml(³/₄컵)
바닐라빈 3깍지
그래뉴당 90g(살짝 모자란 ¹/₂컵)
상업용 젤라틴 2장 혹은 가정용 젤라틴 4장
은박(선택)

체리 젤&컴포트
모렐로 체리를 절인 리큐어 200ml(³/₄컵, 그리오틴Griottines 제품을 사용했다)
젤란검 2g과 그래뉴당 1¹/₂큰술을 섞은 것
절인 모렐로 체리 20~30개(그리오틴 제품)

말차 마이크로 스펀지
그래뉴당 80g(¹/₃컵)
박력분(혹은 다목적 밀가루) 210g(1¹/₂컵)
달걀흰자 240g
말차 파우더 20g(3¹/₂큰술)
아이싱/슈거파우더 50g(¹/₃컵)

- **판나코타 만들기 :** 소스 팬에 휘핑/헤비크림과 우유, 바닐라 씨앗, 설탕을 넣고 중불로 끓인다. 불에서 팬을 내리고 물에 불린 젤라틴의 물기를 짜서 크림에 넣고 잘 섞는다. 판나코타 혼합물을 볼에 붓고 얼음을 채운 큰 볼에 넣어 식힌다. 혼합물이 식고 나면 한 번 저은 다음, 다리올 몰드에 나눠 붓는다. 최소한 2~3시간 냉장고에 보관한다.
- **체리 젤과 컴포트 만들기 :** 소스 팬에 모렐로 체리를 재운 리큐어를 붓고 끓인다. 젤란검과 설탕 섞은 것을 넣고 잘 섞는다. 통에 부어 식힌 후 냉장고에 15분 정도 보관한다. 완전히 굳고 나면 푸드 프로세서에 넣고 입자가 고운 젤로 갈아준다. 젤이 되직하다면 체리 리큐어를 조금 더 부어 묽게 만든다. 필요할 때까지 냉장고에 보관한다.
- **말차 마이크로 스펀지 만들기 :** 모든 재료를 섞어 사이펀 혹은 에스푸마 건에 넣고 가스 2개를 끼운다. 폴리스티렌 컵에 짠 후 전자레인지에 40초간 돌린다. 전자레인지에서 꺼낸 후 큰 조각으로 자른다.
- 각 접시에 체리 젤을 한 큰술씩 뜬 후 팔레트 나이프/메탈 스패출러 혹은 버터나이프로 재빨리 펴 바른다. 남은 젤을 모렐로 체리와 섞어서 체리 컴포트를 만든다.
- 판나코타 몰드를 따뜻한 물에 담그면 쉽게 분리할 수 있다. 조심히 내용물을 빼내어 접시 가운데 펴 바른 체리 젤 위에 올린다. 마이크로 스펀지를 접시 위에 올리고 체리 컴포트로 장식한다. 은박을 올려 마무리한다.

타히니와 초콜릿 참깨를 곁들인 흰 참깨&팥 치즈케이크

치즈케이크는 항상 모든 사람들을 만족시키는데, 특히 이 치즈케이크는 전통적인 비스킷 베이스에 리치하고 고소한 크림을 올린 후 다크초콜릿 참깨로 마무리한다. 나의 레시피를 참고하여 팥소(팥 페이스트)를 직접 만들어도 좋고 온라인 혹은 상점에서 구입해도 좋다.

필요한 도구

랩을 깐 20cm짜리 둥근 케이크 팬 혹은 실리콘 몰드
슈거 온도계
짤주머니, 작은 사이즈 깍지(선택)

재료 | 8인분

치즈케이크 베이스

통밀 비스킷 혹은 크래커 200g
녹인 버터 100g(스틱 1개-1큰술)

치즈케이크 혼합물

크림치즈 350g(1½컵)
크렘 프레슈 150ml(⅔컵)
바닐라빈 2깍지
타히니 100g(½컵+장식용 소량)
팥소 100g(½컵, 구입하거나 31쪽 레시피 참고)
상업용 젤라틴 2장 혹은 가정용 젤라틴 4장
달걀흰자 4개
소금 한 꼬집
그래뉴당 100g(½컵)

초콜릿 참깨

그래뉴당 100g(½컵)
잘게 다진 다크초콜릿 70g
흰깨와 검은깨 각각 1½큰술씩

- **치즈케이크 베이스 만들기 :** 통밀 비스킷/크래커를 손으로 조각낸다. 녹인 버터를 약간 식힌 후 조각낸 비스킷과 잘 섞어준다. 케이크 팬이나 실리콘 몰드에 평평하게 깔아 냉장고에 보관한다.
- **치즈케이크 혼합물 만들기 :** 커다란 믹싱볼에 크림치즈와 크렘 프레슈, 바닐라빈, 타히니, 팥소를 넣고 핸드 전동 거품기로 잘 섞는다.
- 치즈케이크 혼합물을 2큰술 정도 떠서 전자레인지에 20초간 데운다. 물에 불린 젤라틴의 물기를 짜내고 데운 치즈케이크 혼합물과 잘 섞는다.
- 별도의 볼에 핸드 전동 거품기로 달걀흰자를 소프트 픽 상태로 휘핑한다. 소금과 설탕을 서서히 넣고 휘핑 속도를 올려 단단하고 윤기 나는 머랭이 될 때까지 젓는다.
- 녹인 젤라틴을 치즈케이크 혼합물이 담긴 큰 볼에 넣고 섞은 후 머랭도 넣는다. 베이스를 깔아놓은 팬이나 실리콘 몰드를 냉장고에서 꺼낸 다음 치즈케이크 혼합물을 붓는다. 치즈케이크가 굳을 때까지 3시간 혹은 하룻밤 동안 냉장고에 보관한다.
- **초콜릿 참깨 만들기 :** 소스 팬에 설탕을 넣고 젖은 모래 같은 농도가 되도록 물을 붓는다. 슈거 온도계를 팬에 넣고 온도가 130℃가 될 때까지 중불로 몇 분간 가열한다.
- 별도의 볼에 잘게 다진 초콜릿과 참깨를 섞는다. 설탕의 온도가 130℃까지 올라가면 불에서 팬을 내리고 초콜릿과 참깨를 넣고 섞는다. 그러면 흙과 같은 질감이 완성된다. 트레이 위에 쏟아 부어 식힌다.
- 치즈케이크를 팬 혹은 몰드에서 분리해 접시에 올린다. 초콜릿 참깨를 케이크 가운데에 올리고 타히니를 군데군데 짜서 마무리한다.

요거트 트윌과 피넛&참깨 누가틴을 곁들인 금귤 마멀레이드 크림

치즈케이크를 분해한 듯한 이 디저트는 손님들에게 깊은 인상을 남길 뿐만 아니라 플레이팅 기술을 연마하기에도 좋다. 요거트 트윌은 며칠 전 미리 만들어놓고 밀폐된 통에 보관하면 된다.

필요한 도구

슈거 온도계
베이킹시트 3개, 유산지
짤주머니

재료 | 4개

요거트 트윌
퐁당 아이싱/슈거파우더 75g(1/2컵)
액상 글루코스 2 1/2큰술
요거트 파우더 40g(3 1/4큰술)

마멀레이드 크림
크림치즈 350g(1 1/2컵)
더블/헤비크림 190ml(3/4컵)
그래뉴당 60g(살짝 모자란 1/3컵)
바닐라빈 1깍지
금귤&금감 마멀레이드 50g(3큰술, 31쪽을 참고하거나 시중에 파는 제품을 사용한다)

피넛 누가틴
그래뉴당 100g(1/2컵)
염분 있는 땅콩 50g(1/3컵)
흰깨와 검은깨 섞은 것 30g(1/4컵)
통밀 비스킷/크래커 4개

금귤&유자 커드
달걀 1개와 달걀노른자 2개
그래뉴당 50g(1/4컵)
갓 짠 레몬즙
유자즙 혹은 유자 퓌레 60ml(1/4컵, 온라인에서 판매)
금감과 금귤 마멀레이드즙 2큰술
버터 3 1/2큰술
마멀레이드에 있는 금감(장식용)

- **요거트 트윌 만들기 :** 퐁당 아이싱/슈거파우더와 액상 글루코스를 소스 팬에 넣고 슈거 온도계를 꽂는다. 온도가 156℃가 될 때까지 가열한다. 뜨거운 시럽을 첫 번째 베이킹시트에 붓는다. 완전히 식어 굳을 때까지 기다렸다가 조각내어 푸드 프로세서에 넣고 고운 가루로 간다. 요거트 파우더를 넣고 다시 간다.
- 오븐을 180℃로 예열한다.
- 두 번째 베이킹시트에 파우더를 고르게 뿌린다. 설탕이 녹을 때까지 3~4분간 오븐에 굽는다. 오븐에서 꺼내어 잠시 식힌 후 손으로 조각낸다. 트윌을 밀폐 용기에 넣어 보관한다.
- **마멀레이드 크림 만들기 :** 되직해질 때까지 모든 재료를 거품기로 섞는다. 통에 옮겨 담고 냉장고에 보관한다.
- **누가틴 만들기 :** 예열한 프라이팬에 설탕을 넣고 어두운색의 캐러멜이 될 때까지 나무 숟가락으로 저으며 중불로 가열한다. 땅콩과 참깨를 넣고 캐러멜이 골고루 묻도록 섞는다. 세 번째 베이킹시트에 부은 후, 식어서 굳을 때까지 기다린다. 누가틴을 조각내어 통밀 비스킷/크래커와 함께 푸드 프로세서에 넣고 간다. 너무 고르게 섞지 말고 대충 섞어 물기 없는 통에 보관한다.
- **금귤과 유자 커드 만들기 :** 달걀과 달걀노른자, 설탕, 레몬즙, 유자즙 혹은 퓌레, 마멀레이드 즙을 큰 소스 팬에 넣고 섞어준다. 끓을 때까지 계속 저으며 가열한다. 농도가 되직해질 때까지 계속 저으며 2~3분간 더 끓인 후 커드를 볼에 담는다. 잘라놓은 버터를 넣고 버터가 완전히 녹을 때까지 젓는다. 식을 때까지 기다렸다가 작은 깍지를 끼운 짤주머니에 옮겨 담는다.
- 누가틴 1큰술을 떠서 각 접시에 곡선 모양으로 펴 바른다. 16쪽의 퀴넬링 방법을 참고하여 마멀레이드 크림을 퀴넬 모양으로 3개 뜬 후 접시 중앙에 올린다. 마멀레이드의 금귤 조각을 올리고 금귤과 유자 커드를 작게 짠다. 요거트 트윌 조각을 퀴넬 모양의 마멀레이드 크림 위에 하나씩 올려 마무리한다.

필요한 도구

거품기를 꽂은 스탠드 믹서
슈거 온도계
인서트용 실리콘 몰드 8개
유리잔

재료 | 8개

사케 파르페&소스
달걀노른자 240g(12개)
입자가 고운 설탕 225g(1컵+2큰술)
액상 글루코스 100ml(1/3컵)
스파클링 사케 100ml(1/3컵, 기호에 따라 소량 더)
크렘 프레슈 190g(3/4컵)
휘핑한 휘핑/헤비크림 120g(1/2컵)
아이싱/슈거파우더 소량

커피 쿠키 크럼블
다목적 밀가루 400g(3컵)
시나몬파우더 3큰술
생강과 육두구 가루 각 2큰술씩
베이킹파우더 1큰술
무스코바도 설탕 200g(1컵)
우유 60ml(1/4컵)
스틱 버터 300g(2 3/4개)

애플 컴포트
요리용 사과(브램리) 2개
배 2개(껍질 까고 씨앗 제거 후 자른 것)
그래뉴당 100g(1/2컵)
갓 짠 레몬즙 1개 분량
굽고 빻은 회향 씨 1/2작은술

- **사케 파르페와 소스 만들기 :** 먼저 사바용을 만든다. 스탠드 믹서의 볼에 달걀노른자를 넣고 중간 속도로 휘핑한다. 소스 팬에 설탕과 액상 글루코스를 넣고 젖은 모래 같은 농도가 되도록 물을 붓는다. 슈거 온도계를 꽂고 소스 팬의 가장자리가 깨끗한지 확인한다. 온도가 118℃까지 올라가도록 강불로 가열한다. 118℃에 이르고 달걀노른자에 거품이 생기면 약한 세기로 휘핑하며 뜨거운 시럽을 천천히 달걀노른자에 붓는다. 거품기에 뜨거운 시럽이 닿지 않도록 주의한다. 속도를 높여 혼합물의 부피가 두 배로 부풀 때까지 10~15분간 휘핑한다. 속도를 낮춰 저으며 식힌다.
- 사바용을 반으로 나눠, 반은 볼에 담고 랩을 씌워 냉장고에 보관한다. 남은 반의 사바용에 스파클링 사케와 크렘 프레슈, 휘핑한 크림을 넣고 파르페를 만든다. 잘 섞은 후 인서트용 실리콘 몰드 8개에 붓는다. 내용물이 완전히 얼 때까지 최소한 6시간 혹은 하룻밤 동안 냉동실에 보관한다.
- 오븐을 180℃로 예열한다.
- **커피 쿠키 크럼블 만들기 :** 볼에 모든 재료를 넣고 반죽으로 만든다. 10분 동안 냉장고에 휴지한다. 준비가 되면 반죽을 2장의 유산지 사이에 끼우고 일정한 두께로 민다. 위의 유산지를 떼어내고 베이킹 시트에 올려 예열된 오븐에서 노릇노릇해질 때까지 15분간 굽는다. 오븐에서 꺼낸 후 식힌다.
- **애플 컴포트 만들기 :** 잘라놓은 사과와 배를 소스 팬에 담는다. 설탕과 레몬, 회향 씨를 넣는다. 과일이 흐물흐물해질 때까지 약불로 익힌다.
- 몰드에서 파르페를 꺼내 랩으로 싼 다음 다시 냉동실에 보관한다. 스피큘루스(커피 쿠키)를 작은 조각으로 부순다. 남겨놓은 사바용을 데우고 입맛에 따라 스파클링 사케를 소량 넣는다(더 진한 맛을 원하면 크림을 소량 더해도 좋다). 큰 볼이나 유리병에 옮겨 담는다. 개인 유리잔을 준비한다. 데운 애플 컴포트를 유리잔의 반까지 채워 담는다. 마지막으로 커피 쿠키 크럼블을 올리고 아이싱/슈거파우더를 뿌린다. 따뜻한 사케 소스를 곁들여 내어놓는다.

참고

이 디저트는 따뜻하게 먹어도 좋고 차갑게 먹어도 좋다. 따뜻하게 내어놓는다면 파르페를 최대한 단단하게 얼린 후 디저트를 완성해서 손님에게 대접한다. 대조적인 온도의 디저트에 반하게 될 것이다.

스파클링 사케 애플 크럼블

이 클래식한 디저트는 〈그레이트 브리티시 베이크 오프〉에서 사과로 만든 성공적인 디저트에 약간의 변화를 준 최고의 디저트다.

아이리시 크림 리큐어를 곁들인 얼그레이, 레몬, 설타나&캐러멜라이즈 브리오슈 디저트

수년간 나의 디저트 메뉴에 자주 등장한, 내가 아주 아끼는 레시피다. 시간을 절약하기 위해 질 좋은 브리오슈를 구입하길 추천한다. 하지만 직접 브리오슈를 만들기 위해 레시피가 필요하다면, 트위터 @dessertdoctor를 통해 연락하길 바란다. 브륄레와 컴포트는 하루 전에 만들어놓아도 좋다.

필요한 도구

베이킹시트, 유산지
실리콘 매트
5cm짜리 사각형 메탈 커터
짤주머니 2개
2 사이즈 별 모양 깍지 1개, 플레인 깍지 1개

재료 | 4개

누가틴 데커레이션
그래뉴당 100g(½컵)
아몬드 플레이크 50g(⅔컵)

아이리시 크림 리큐어 브륄레
아이리시 크림 리큐어(베일리) 70ml(살짝 모자란 ⅓컵)
휘핑/헤비크림 190ml(¾컵)
더블/헤비크림 190ml(¾컵)
달걀노른자 5개
그래뉴당 60g(살짝 모자란 ⅓컵)

레몬&설타나 컴포트
골든 설타나 100g(¾컵)
얼그레이 티백 1개
설타나 150g(1컵 가득)
그래뉴당 60g(살짝 모자란 ⅓컵)
갓 짠 레몬즙 1개 분량

브리오슈 큐브
자르지 않은 브리오슈
올리브오일
아이싱/슈거파우더

얼그레이 가나슈
휘핑/헤비크림 100ml(살짝 모자란 ½컵)
얼그레이 티백 2개
밀크초콜릿 100g

A

B

C

D

- **장식용 누가틴 만들기 :** 소스 팬을 예열한 후 설탕을 한 번에 한 순갈씩 넣고 나무 숟가락으로 저으며 캐러멜을 만든다. 아몬드 플레이크를 넣어 캐러멜을 입힌다. 준비한 베이킹시트에 혼합물을 붓고 굳을 때까지 기다린다.

- 오븐을 180℃로 예열한다.

- 식은 누가틴을 푸드 프로세서에 넣어 입자가 고운 가루로 갈고 촘촘한 체에 거른 후 실리콘 매트 위에 곱게 뿌린다. 5cm짜리 커터를 이용해 사각형 모양 4개를 찍어낸다(**A**). 녹을 때까지 예열된 오븐에 3~4분 굽는다. 바깥 가장자리 부분도 장식용으로 사용할 것이므로 버리지 않는다. 장식용 누가틴을 밀폐 용기에 보관한다.

- **아이리시 크림 리큐어 브륄레 만들기 :** 아이리시 크림 리큐어와 휘핑/헤비크림, 더블/헤비크림을 소스 팬에 붓고 중불로 가열한다. 달걀노른자와 설탕을 별도의 볼에 담아 핸드 전동 거품기를 이용해 젓는다. 뜨거운 크림 혼합물을 천천히 달걀노른자와 설탕에 붓고 완전히 섞일 때까지 잘 젓는다. 혼합물을 촘촘한 체에 걸러 10분 동안 기다린다.

- 오븐을 150℃로 예열한다.

- 브륄레 표면에 생긴 거품을 걷어내고 혼합물을 베이킹디시/오븐용 유리 용기에 옮겨 담는다. 베이킹트레이에 베이킹디시를 올리고 끓는 물을 반쯤 채워 중탕한다. 예열된 오븐에 35~50분 정도 굽는다(오븐에 따라 시간이 다르기 때문에 굽는 동안 자주 확인한다). 어느 정도 식힌 후 브륄레를 냉장고에 보관한다.

- **레몬과 설타나 컴포트 만들기 :** 골든 설타나를 커다란 소스 팬에 담고 잠길 정도로 물을 부은 후 20분간 끓인다. 팬을 불에서 내리고 얼그레이 티백을 넣는다. 향이 배도록 기다리되 20분 후에는 티백을 제거한다.

- 깨끗한 소스 팬에 설타나와 설탕, 레몬즙, 물 180ml(3/4컵)를 넣고 끓인다. 불을 줄이고 20분간 뭉근히 끓인다. 팬을 불에서 내리고 혼합물을 어느 정도 식힌 후 푸드 프로세서를 이용해 부드러운 퓌레로 간다. 얼그레이 향을 우려낸 설타나를 체로 걸러 퓌레에 넣고 적당한 컴포트 농도로 만든다.

- 오븐을 220℃로 예열한다.

- **브리오슈 큐브 만들기 :** 브리오슈 덩어리를 5cm 너비로 자르고 가장자리를 다듬어 5cm짜리 큐브 모양 4개를 만든다. 모든 면에 올리브오일을 바르고 가장자리에 아이싱/슈거파우더를 뿌린다. 베이킹시트에 큐브를 올려 오븐에 10분간 굽는다. 필요에 따라 반쯤 구웠을 때 뒤집어 전체적으로 노릇노릇하게 굽는다. 오븐에서 꺼내어 식힘망에서 완전히 식힌다.

- 작은 칼로 브리오슈 한쪽 면에 3cm 크기의 사각형 모양으로 3/4 깊이로 파낸다(**B**). 조심스럽게 안을 파내면 바닥은 견고하고 속은 깔끔하게 파낸 브리오슈가 완성된다.

- **얼그레이 가나슈 만들기 :** 소스 팬에 휘핑/헤비크림을 붓고 중불로 따뜻해질 때까지 가열한다. 얼그레이 티백을 크림에 넣고 20분간 향을 우려낸다. 티백의 물기를 짜고 버린다. 크림이 끓을 때까지 가열한다. 밀크초콜릿 위에 크림을 부어 부드럽게 저으며 가나슈를 만든다. 가나슈를 짤 수 있을 농도가 될 때까지 냉장고에 보관한다. 별 모양 깍지를 끼운 짤주머니에 옮겨 담는다.

- 브륄레를 한 번 저은 후 플레인 깍지를 끼운 짤주머니에 담는다. 브리오슈 큐브에 레몬과 얼그레이 컴포트를 1작은술 듬뿍 떠 넣고 그 위에 아이리시 크림 리큐어 브륄레를 가득 짠다. 브리오슈의 윗면 가장자리를 따라 얼그레이 가나슈를 짜고(**C**), 사각형 모양의 누가틴을 올린다(**D**). 누가틴 중앙에 가나슈를 크게 한 번 짜고 남은 누가틴 조각을 올려 장식한다. 남은 컴포트를 곁들여 내어놓는다.

필요한 도구

거품기를 꽂은 스탠드 믹서
짤주머니, 큰 사이즈와 작은 사이즈 플레인 깍지
베이킹시트, 유산지

재료 | 4개

파블로바
달걀흰자 4개
그래뉴당 140g(3/4컵-2작은술)
아이싱/슈거파우더 140g(1컵)
옥수숫가루/옥수수전분 1작은술

패션푸르트 커드
패션푸르트 과육 50g
달걀 1개, 달걀노른자 2개
그래뉴당 50g(1/4컵)
버터 3 1/2큰술

절인 복숭아
복숭아 큰 것 2개 혹은 작은 것 3개
그래뉴당 100g(1/2컵)
핑크 페퍼콘 5개
시나몬 스틱 1개
패션푸르트 1개
월계수 잎 1장
오렌지 리큐어(그랑 마니에르Grand Marnier) 80ml(1/3컵)

샹티이 크림
휘핑/헤비크림과 더블/헤비크림 100ml씩(살짝 모자란 1/2컵)
바닐라빈 1깍지
아이싱/슈거파우더 1큰술

핑크 페퍼콘 슈거
간 핑크 페퍼콘 3/4큰술과 백설탕 50g(1/4컵)

- 오븐을 100℃로 예열한다.
- **파블로바 만들기 :** 달걀흰자를 스탠드 믹서의 볼에 넣고 부피가 두 배로 부풀 때까지 중간 속도로 휘핑한다. 설탕을 한 번에 한 숟갈씩 넣고 빠른 속도로 10분간 휘핑한다. 어느 정도 오버 휘핑처럼 보이는 상태가 되어야 한다.
- 별도의 볼에 아이싱/슈거파우더와 옥수숫가루/옥수수전분을 섞고 머랭 혼합물을 3단계로 나누어 섞는다.
- 큰 사이즈 플레인 깍지를 끼운 짤주머니에 혼합물을 옮겨 담은 후, 준비한 베이킹시트에 지름이 10cm인 머랭 4개를 짠다. 작은 팔레트 나이프/메탈 스패출러로 머랭의 옆면을 아래에서 위로 몇 차례 훑어 끝을 뾰족하게 만든다. 예열된 오븐에서 파블로바가 베이킹시트에서 쉽게 들릴 때까지 약 1시간 굽는다. 완성되면 오븐에서 꺼내어 식힌다.
- **커드 만들기 :** 버터를 제외한 모든 재료를 소스 팬에 넣고 중불로 가열하며 젓는다. 혼합물이 끓으며 되직해질 때까지 쉬지 않고 젓는다. 볼에 옮겨 담고 버터를 넣는다. 혼합물이 식는 동안 한 번씩 저으며 냉장고에 보관한다.
- **복숭아 절이기 :** 복숭아를 깎아 씨를 제거한다. 큰 내열성 볼에 과일을 담는다. 소스 팬에 모든 재료와 물 100ml를 함께 붓고 끓인다. 이미 익은 복숭아라면, 끓고 있는 액체를 과일에 부은 후 랩으로 덮고 식힌다. 복숭아가 딱딱할 때는 부서지지는 않으면서 부드러워질 때까지 리큐어에 넣고 졸인다. 벗겨지는 껍질은 버린다. 혼합물을 식힌다.
- **샹티이 크림 만들기 :** 모든 재료를 핸드 전동 거품기로 휘핑하여 소프트 픽 상태로 만든다. 냉장고에 보관한다.
- 리큐어에 절인 복숭아를 건져내고 페이퍼타월로 물기를 제거한다. 복숭아를 건져내고 남은 리큐어를 강불로 5분간 끓여 파블로바와 함께 내어놓을 소스를 만든다.
- 파블로바를 적당한 접시에 올리고 샹티이 크림을 단단한 상태가 될 때까지 휘핑한다. 각 머랭 위에 샹티이 크림을 올린다. 절인 복숭아를 몇 조각씩 올리고 졸인 소스를 뿌린다. 핑크 페퍼콘 슈거를 뿌려 마무리한다.

복숭아&핑크 페퍼콘 슈거를 곁들인 패션푸르트 파블로바

크고 부드러운 복숭아에 신선한 패션푸르트 커드를 더해 항상 사랑받는 클래식한 디저트에 현대적인 요소를 선사한다.

말차 머랭과 유자를 곁들인 산초 페퍼콘&딸기 이튼 메스

디너파티에서 오랜 사랑을 받아온 클래식한 디저트에 간단하지만 창의적인 변화를 준 레시피다. 약간의 얼얼함을 더하기 위한 적당한 양의 페퍼라고 생각하지만, 더 강렬한 맛을 원한다면 더 넣어도 좋다.

필요한 도구

거품기를 꽂은 스탠드 믹서
짤주머니 2개
8 사이즈 깍지 1개, 4 사이즈 깍지 1개
베이킹시트, 유산지

재료 | **4개**

산초 딸기
꼭지를 따서 4등분한 딸기 500g
아이싱/슈거파우더 2큰술
그라인더에 있는 산초 페퍼콘

머랭
달걀흰자 4개
입자가 고운 설탕 140g(살짝 모자란 3/4컵)
아이싱/슈거파우더 140g(1컵)
말차 파우더 2큰술

유자 커드
유자즙 혹은 유자 퓌레 75ml(1/3컵)
달걀노른자 2개
달걀 1개
그래뉴당 50g(1/4컵)
버터 3 1/2큰술
갓 짠 레몬즙 소량

화이트초콜릿 크림
휘핑/헤비크림 100ml(살짝 모자란 1/2컵)
화이트초콜릿 100g
더블/헤비크림 100ml(살짝 모자란 1/2컵)
장식용 시소(차조기)

- **산초 딸기 만들기 :** 산초 페퍼콘을 네 번 간 양과 딸기, 아이싱/슈거파우더를 함께 섞는다. 페퍼 양이 적당한지 맛을 본 후 냉장고에 보관한다.

- 오븐을 110℃로 예열한다.

- **머랭 만들기 :** 달걀흰자를 스탠드 믹서의 볼에 넣고 부피가 두 배가 되도록 가장 빠른 속도로 휘핑한다. 입자가 고운 설탕을 서서히 넣고 달걀흰자를 빠른 속도로 10분간 젓는다. 혼합물이 오버 휩 상태처럼 보여야 한다.

- 달걀흰자에 아이싱/슈거파우더를 세 번에 걸쳐 넣고 완전히 섞는다. 8 사이즈의 깍지를 끼운 짤주머니에 혼합물을 옮겨 넣고 준비한 베이킹시트에 다양한 크기의 머랭을 16개 짠다. 머랭 위에 말차 파우더를 뿌리고 예열된 오븐에 30~40분 정도 굽는다. 베이킹시트에서 머랭의 밑면이 쉽게 들리지만 중간 부분은 아직 부드러운 상태다.

- **유자 커드 만들기 :** 유자즙 혹은 퓌레와 달걀노른자, 달걀, 설탕을 내열성 믹싱볼에 넣고 잘 섞는다. 끓는 물을 1/3 정도 채운 소스 팬 위에 믹싱볼을 올린다. 볼의 밑면이 물에 닿지 않도록 주의한다. 중불로 가열하며 혼합물이 되직해질 때까지 계속 젓는다. 불에서 내리고 1분 더 젓는다. 잘라놓은 버터를 넣고 잘 섞은 후, 커드를 잠시 식히고 기호에 따라 레몬즙을 소량 넣어준다. 볼을 랩으로 씌우고 냉장고에 보관한다.

- **화이트초콜릿 크림 만들기 :** 작은 소스 팬에 휘핑/헤비크림을 넣고 끓을 때까지 강불로 가열한다. 불에서 팬을 내리고 화이트초콜릿을 넣고 섞는다. 혼합물이 식을 때까지 기다렸다가 더블/헤비크림을 넣고 젓는다.

- 4 사이즈의 깍지를 끼운 짤주머니에 유자 커드를 담는다. 내어놓을 접시에 유자 커드를 소량 짠 후, 작은 팔레트 나이프/메탈 스패출러를 이용해 곡선 모양으로 퍼뜨린다. 화이트초콜릿 크림을 퀴넬 모양으로 3개 떠서(16쪽) 곡선 위로 올린다. 유자 커드를 몇 개 더 짜고 시소를 올려주어 색감을 더한다.

리몬첼로를 곁들인 수박과 겉을 익힌 자몽 사시미

일본의 별미에서 영감을 받은 과일 사시미 디저트다. 나는 수박과 자몽, 라즈베리의 조합을 좋아하지만 각자 원하는 과일을 선택해도 좋다. 나는 강한 풍미를 주는 압축한 과일을 만들기 위해 하루 전날 진공 기계를 사용하는데, 과일을 재워두었다가 사용해도 된다.

필요한 도구

조리용 진공 기계(선택)
토치
거품기를 꽂은 스탠드 믹서
슈거 온도계
짤주머니, 플레인 깍지 1개(선택)

재료 | 4개

과일 그라탕
설탕 시럽(물과 그래뉴당 2:1 비율)
팔각 간 것 1개 분량
수박 ¼개
자몽 2개
라즈베리 225g

사바용
달걀노른자 4개
그래뉴당 80g(⅓컵+1큰술)
아주 살짝 휘핑한 더블/헤비크림 175g(¾컵)
리몬첼로 30ml(2큰술)

데커레이션(선택)
쇼트 브레드 비스킷
타히니 아이스크림

- 과일 그라탕은 내어놓기 하루 전날부터 만든다. 물과 설탕을 2:1의 비율로 섞은 후 설탕이 녹을 때까지 약불로 가열하여 설탕 시럽을 만든다. 잠시 식힌 후, 진공 봉지에 설탕 시럽 1큰술과 팔각 간 것을 넣는다.

- 수박 껍질을 벗기고 씨를 제거한다. 과육을 덩어리로 잘라 설탕 시럽을 넣은 진공 봉지에 넣고 완전히 봉인한다. 과일 색상이 즉각 바뀌는 것을 볼 수 있다.

- 진공 기계가 없다면 수박 덩어리를 뜨거운 설탕 시럽에 20분 동안 재워두면 된다.

- 다음 날, 자몽 껍질을 벗겨 흰 껍질 부분을 제거하고 과육만 발라낸다. 사이에 공간을 두어 서로 겹치지 않도록 자몽을 한 점씩 베이킹시트에 올린다. 아무것도 덮지 않은 채로 실온에 2시간 건조한다. 어느 정도 건조되고 나면, 토치로 자몽 겉면을 그을린다.

- **사바용 만들기 :** 거품기를 꽂은 스탠드 믹서의 볼에 달걀노른자를 넣고 가장 빠른 속도로 휘핑한다. 소스 팬에 설탕을 넣고 젖은 모래 같은 농도가 되도록 물을 소량 붓는다. 슈거 온도계를 팬에 넣고 끓을 때까지 중불로 가열한다. 온도가 118℃에 이르고 달걀에 거품이 생기면, 속도를 낮추고 시럽을 조심히 볼에 붓는다. 거품기에 시럽이 닿지 않도록 주의한다. 잘 섞이고 나면, 어느 정도 식을 때까지 빠른 속도로 5분간 휘핑한다. 가볍게 휘핑한 크림을 넣고 마지막으로 리몬첼로를 넣는다. 짤주머니를 사용한다면 이때 옮겨 담는다.

- 선호도에 따라 자몽을 아주 얇게 썰어도 좋고(사시미 스타일) 두툼하게 잘라도 된다. 나는 두 가지 두께를 섞어 사용한다. 각 접시에 담을 수박을 나눈 후, 접시에 별 모양으로 올리는데 자몽과 수박을 번갈아 올린다. 라즈베리를 한 알씩 올려 장식한다. 사바용을 숟가락으로 떠서 넣거나 짤주머니로 짜고 토치를 이용해 그을린다. 쇼트 브레드 비스킷이나 타히니 아이스크림을 함께 내어놓는다.

크렘 프레슈와 바질, 올리브오일 파우더를 올린 유자 케이크

개인용 디저트 크기로 작게 만들거나 커피와 함께 내어놓도록 큰 케이크로 만들 수도 있다. 올리브오일 파우더가 생소하게 느껴질 수 있지만, 디저트에 풍성한 향을 더해준다. 따뜻하게 먹어도 좋고 차갑게 먹어도 좋은 디저트다.

필요한 도구

6cm짜리 케이크 팬이나 실리콘 몰드 12개
혹은 20cm짜리 케이크 팬이나 몰드 1개
짤주머니(선택)

재료 | 개인용 디저트 12개 혹은 큰 케이크 1개

유자 케이크
유자 3개
큰 달걀 4개
그래뉴당 175g(3/4컵+2큰술)
아몬드파우더 175g(1 3/4컵)
베이킹파우더 1/4작은술

올리브오일 파우더
말토덱스트린 파우더(온라인에서 구입) 50g
질 좋은 엑스트라 버진 올리브오일 1큰술

유자 시럽
유자즙 200ml(3/4컵)
바닐라빈 1깍지
그래뉴당 100g(1/2컵)

데커레이션
크렘 프레슈 혹은 사워크림 300ml(1 1/4컵)
그릭 바질(선택)

- **유자 케이크 만들기 :** 큰 소스 팬에 유자를 넣고 잠길 정도로 물을 부은 후 뚜껑을 닫고 최소 2시간 동안 끓인다. 끓는 동안 유자가 완전히 잠기도록 필요에 따라 물을 더 붓는다.
- 유자가 안까지 부드럽게 익으면 물에서 꺼내 반으로 자른다. 유자를 끓인 물 100ml를 따로 보관한다. 유자의 씨를 제거한다. 푸드 프로세서에 유자를 갈아 부드러운 퓌레로 만들고 필요에 따라 보관해 둔 물 100ml를 넣어 농도를 맞춘다. 케이크를 만드는 동안 퓌레를 식힌다.
- 오븐을 180℃로 예열한다.
- 거품기를 꽂은 스탠드 믹서의 볼에(혹은 핸드 전동 거품기를 사용한다) 달걀과 설탕을 넣고 거품이 생길 때까지 휘핑한다. 별도의 볼에 아몬드파우더와 베이킹파우더를 넣고 잘 섞은 후 달걀과 설탕 혼합물에 넣는다. 식은 유자 퓌레를 넣고 완전히 섞일 때까지 젓는다. 케이크 반죽을 개인용 몰드(12분) 혹은 큰 몰드(45~50분)에 붓고 예열된 오븐에 굽는다. 케이크 중앙에 꼬치로 찔러 묻어나오는 게 없을 때까지 구우면 된다. 오븐에서 꺼내면 케이크가 살짝 내려앉을 수도 있다. 조심스럽게 케이크를 몰드에서 꺼내어 식힘망에서 식힌다.
- **올리브오일 파우더 만들기 :** 올리브오일에 말토덱스트린 파우더를 서서히 섞으며 가루의 질감이 될 때까지 젓는다. 올바른 질감이 나올 때까지 말토덱스트린 파우더를 조금씩 더 넣는다.
- **유자 시럽 만들기 :** 유자즙과 바닐라빈, 설탕을 소스 팬에 넣고 강불로 가열한다. 혼합물이 되직해질 때까지 끓인다. 팬을 불에서 내리고 식힌다.
- 케이크를 몰드에서 꺼내고 접시에 올린다. 케이크 위에 유자 시럽을 펴 바른다. 케이크의 가장자리를 따라 크렘 프레슈를 짠다. 큰 사이즈의 케이크도 같은 방법으로 장식한다. 접시의 빈 곳에 유자 시럽을 뿌리고 올리브오일 파우더를 뿌린다. 그릭 바질을 올려 마무리한다.

비터 초콜릿 퐁당, 미소 바나나 파르페&히비키 위스키 아이스크림

런던 만다린 오리엔탈 호텔의 수석 페이스트리 셰프로 일하던 시절 내가 가장 좋아했던 레시피다. 만드는 데 몇 시간이 걸릴 수 있기 때문에 퐁당을 제외한 모든 요소를 하루 전에 만든다.

필요한 도구

채칼(선택)
실리콘 매트
아이스크림 기계
거품기를 꽂은 스탠드 믹서
슈거 온도계
12×6cm짜리 베이킹 팬(파르페용)
오일 스프레이를 뿌린 8cm짜리 메탈 케이크 몰드(퐁당용)
짤주머니, 큰 사이즈 플레인 깍지

재료 | 8개

바나나 칩
그래뉴당 100g(1/2컵)
적당히 익은 바나나 2~3개
갓 짠 레몬즙 1개 분량

히비키 위스키 아이스크림
달걀노른자 100g(5개)
액상 글루코스 25g(1 1/4큰술)
그래뉴당 135g(2/3컵)
우유 250ml(1컵)
크렘 프레슈 250ml(1컵)
히비키 위스키 70ml(1/3컵, 히비키 위스키를 구하기 힘들다면 싱글 몰트 위스키를 사용한다)

비터 초콜릿 퐁당
달걀 4개
그래뉴당 150g(3/4컵)
다크초콜릿 100g
녹인 스틱 버터 85g(3/4개)
다목적 밀가루 25g(3큰술)
아이싱/슈거파우더 혹은 코코아파우더
데커레이션용 템퍼링한 초콜릿

미소 바나나 파르페
그래뉴당 100g(1/2컵)
스위트 미소 페이스트 1큰술
바나나 칩을 만들 때 남은 바나나
크렘 드 바나나(바나나 리큐어) 50ml(3 1/2큰술)
달걀노른자 80g
그래뉴당 125g(살짝 모자란 2/3컵)
액상 글루코스 40g(2큰술)
세미 휩 상태의 휘핑/헤비크림 500ml(2컵 가득)
만들어진 케이크 스펀지 시트
혹은 잘라놓은 바나나 케이크
혹은 팬과 같은 크기로 자른 템퍼링한 다크초콜릿(선택)

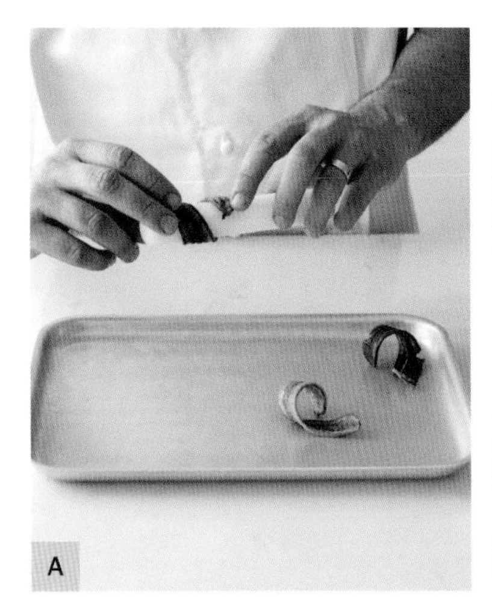
A

B

C

D

- **바나나 칩 만들기 :** 오븐을 100℃로 예열한다. 혹은 오븐에 워밍 드로워가 있다면 사용해도 좋다. 소스 팬에 설탕과 물 100ml를 넣고 설탕이 완전히 녹을 때까지 끓인다. 불을 끄고 식힌다.
- 바나나를 채칼이나 긴 칼을 이용해 세로로 조심스럽게 자른다. 바나나가 끊어지지 않도록 아주 얇게 자른다. 연습이 필요한 작업이기 때문에 8조각의 칩을 위해 2~3개 정도의 바나나를 준비한다. 남은 바나나는 파르페를 위해 남겨둔다.
- 가장 예쁘게 잘린 바나나 조각 8개를 실리콘 매트에 올리고 한쪽 면만 레몬즙을 바른다. 워밍 드로워나 예열된 오븐에 1시간 정도 넣어두면 색은 크게 변하지 않고 겉면만 건조된다(만약 바나나가 동그랗게 말리면 너무 익은 바나나를 사용했다는 의미다).
- 완전히 건조되고 나면, 오븐 온도를 180℃로 올린다. 식은 설탕 시럽을 바나나에 바르고 오븐에 넣어 노릇노릇해질 때까지 10분 정도 굽는다. 오븐에서 바나나를 꺼내자마자 바나나를 작고 얇은 밀대나 거품기 손잡이(**A**)에 둘러 곡선 모양의 트윌을 만든다. 하루 전에 만든다면 밀폐 용기에 넣어 실온에 보관한다.
- **아이스크림 만들기 :** 달걀노른자, 액상 글루코스, 설탕을 큰 볼에 넣고 섞는다. 소스 팬에 우유를 넣고 중불로 가열한다. 뜨거운 우유를 달걀과 설탕 혼합물에 천천히 붓고 섞는다. 혼합물을 다시 소스 팬에 붓고 약불로 가열한다. 온도가 78℃가 되거나 커스터드가 되직해질 때까지 나무 숟가락으로 저으며 조리한다. 볼에 담은 후 얼음 위에 놓고 한 번씩 저으며 식힌다. 커스터드가 식고 나면, 크렘 프레슈를 넣고 기호에 따라 위스키를 넣는다. 아이스크림 기계에 넣고 원하는 농도가 나올 때까지 휘젓는다. 냉동실에 보관한다.
- **미소 바나나 파르페 만들기 :** 먼저 바나나 퓌레를 만든다. 예열된 소스 팬에 설탕 100g(½컵)과 미소 페이스트, 남은 바나나 조각을 넣는다. 바나나가 뭉개질 때까지 5분간 중불로 가열하며 젓는다. 바나나 리큐어를 소량만 남겨놓고 섞는다. 굉장히 부드러운 질감을 원한다면 퓌레를 블렌더로 갈아 사용하고 그렇지 않다면 그대로 사용해도 좋다.
- 거품기를 꽂은 스탠드 믹서의 볼에 달걀노른자를 넣고 중간 속도로 휘핑한다. 그동안에 그래뉴당 125g(살짝 모자란 ⅔컵)과 액상 글루코스를 섞고 젖은 모래 같은 농도가 되도록 물을 소량 붓는다. 슈거 온도계를 넣고 118℃까지 가열한다. 온도가 118℃에 이르고 달걀에 거품이 생기면, 뜨거운 시럽을 달걀노른자가 담긴 볼에 천천히 붓는다. 시럽이 거품기 부분에 닿지 않도록 주의하고 낮은 속도로 계속 휘핑한다. 속도를 줄이고 혼합물이 식을 때까지 젓는다. 바나나 퓌레와 세미 휩 상태의 크림을 차례로 넣는다. 맛을 보고 기호에 따라 바나나 리큐어를 더 넣는다.
- 파르페의 베이스와 탑을 끼워 넣고 싶다면, 이미 만들어진 스펀지케이크를 얇게 잘라 베이킹 팬에 깐다. 혹은 템퍼링한 다크초콜릿을 크기에 맞게 잘라 베이스와 탑으로 사용해도 좋다. 파르페를 베이킹 팬에 붓고 팔레트 나이프/메탈 스패출러로 평평하게 만든다. 파르페의 탑으로 얇게 자른 스펀지케이크 혹은 초콜릿을 위에 올린다. 최소 6시간 동안 냉동실에 보관한다. 완전히 얼고 나면, 뜨거운 물에 담가둔 칼로 파르페를 6×3cm짜리 직사각형 8개로 자르고 다시 냉동실에 보관한다.
- **비터 초콜릿 퐁당 만들기 :** 커다란 베이킹시트에 사각형으로 자른 유산지를 여러 장 깔고 그 위에 케이크 몰드를 올린다. 그리고 원통 모양의 유산지를 케이크 몰드 안에 덧댄다(**B**).
- 오븐을 180℃로 예열한다.
- 핸드 전동 거품기로 달걀과 설탕을 섞는데, 반죽이 떨어지면서 리본 모양을 그릴 정도가 될 때까지 휘핑한다. 녹인 초콜릿과 녹인 버터를 차례로 넣는다. 밀가루를 넣고 완전히 섞일 때까지 젓는다. 혼합물을 냉장고에서 1시간 휴지한다.
- 퐁당이 완성되는 대로 바로 내어놓아야 하기 때문에 플레이팅에 필요한 모든 재료를 준비해 둔다. 식은 혼합물을 짤주머니에 넣고 준비한 몰드의 ⅔ 높이까지 채운다. 예열된 오븐에 퐁당을 8~10분 굽는다.
- 아직 링을 제거하지 않은 상태에서 퐁당 위에 코코아파우더 혹은 아이싱/슈거파우더를 뿌린다. 뒤집개를 이용해 조심히 퐁당을 접시로 옮긴다. 메탈 링과 유산지를 제거하고 케이크를 두르고 있는 종이도 벗겨낸다(**C**). 접시의 한쪽에 바나나 파르페를 올리고 그 위에 퀴넬 모양의 위스키 아이스크림과 바나나 칩을 올린다. 템퍼링한 초콜릿을 아주 얇게 잘라 장식해도 좋다(**D**).

쿠키 & 과자류

이번 장에는 재미있고 향수를 불러일으키는 레시피를 소개한다. 간단하지만 우아한 참깨 땅콩 쿠키나 캐러멜라이즈 스위트 미소 트뤼플부터 시도해 보자. 마카롱뿐만 아니라 말차 '킷캣' 혹은 요거트 셔벗 딥을 곁들인 영귤&유자, 귤로 만든 막대사탕을 만들며 즐거운 시간을 보내길 바란다.

스위트 미소와 사토 니시키 체리&유자 마카롱

이 레시피만 잘 따르면 훌륭한 파티세리 수준의 마카롱을 만들 수 있을 것이다. 선호도에 따라 다양한 색상과 맛을 조합하여 만들어도 좋다.

필요한 도구

슈거 온도계
거품기를 꽂은 스탠드 믹서
짤주머니 6개, 큰 사이즈 플레인 깍지
베이킹시트 3개, 유산지

재료 | 30개

마카롱 쉘
입자가 고운 설탕 275g(1½컵 - 2큰술)
달걀흰자 95g(달걀흰자 3개)
아몬드파우더 275g(2¾컵)
아이싱/슈거파우더 275g(2컵)
달걀흰자 95g(달걀흰자 3개)
전문가용 핑크색 식용 색소 ½작은술
전문가용 노란색 식용 색소 ½작은술
전문가용 보라색 식용 색소 ½작은술

유자 필링
유자즙 혹은 퓌레 75g(⅓컵)
달걀노른자 2개
달걀 1개
입자가 고운 설탕 50g(¼컵)
버터 50g(3½큰술)
레몬즙 소량

사토 니시키 체리 필링
사토 니시키 체리 퓌레 120g(½컵)
달걀노른자 2개
입자가 고운 설탕 45g(3½큰술)
스틱 버터 200g(1¾개)

미소 필링
휘핑/헤비크림 80ml(⅓컵)
액상 글루코스 20g(1큰술)
입자가 고운 설탕 100g(½컵)
소금 한 꼬집
스위트 미소 페이스트 30g(깎아서 2큰술)

A
B
C
D
E
F

- **마카롱 쉘 만들기 :** 작은 소스 팬에 입자가 고운 설탕과 물 100ml를 넣고 잘 섞는다. 슈거 온도계를 넣고 중불로 가열한다. 시럽이 데워지는 동안 달걀흰자 95g을 스탠드 믹서의 볼에 넣는다.

- 시럽 온도가 110℃에 이르면, 믹서를 켜고 달걀흰자를 중간 속도로 휘핑한다. 온도가 114℃가 되고 달걀흰자에 거품이 생기면, 온도계를 빼고 뜨거운 시럽을 천천히 볼에 붓는다(**A**). 뜨거운 시럽이 거품기에 닿지 않도록 주의한다. 가장 빠른 속도로 윤기 나는 소프트 픽 상태의 이탈리안 머랭이 될 때까지 5분간 휘핑한다.

- 이탈리안 머랭을 휘핑하는 동안 페이스트를 만든다. 별도의 믹싱볼에 아몬드파우더와 아이싱/슈거파우더, 달걀흰자 95g을 넣고 섞는다. 나무 숟가락으로 잘 저어 빽빽한 상태의 반죽을 만든다. 이탈리안 머랭이 소프트 픽 상태가 되면 믹서를 끄고 머랭을 3단계로 나눠 반죽과 섞는다(지나치게 많이 섞이면 반죽이 질어져서 마카롱이 부풀어 오르지 않는다). 머랭의 $^1/_3$을 반죽에 넣고 잘 섞은 후 나무 숟가락이나 스패출러로 덩어리가 없는지 확인한다(**B**). 남은 머랭의 반을 넣고 부드럽게 젓는다. 마지막 남은 머랭도 덩어리가 생기지 않도록 섞는다(**C**). 혼합물을 3등분해 3개의 깨끗한 볼에 옮겨 담는다. 각 혼합물에 분홍색, 노란색, 보라색 식용 색소를 넣는다. 섞일 정도로만 부드럽게 젓는다.

- 오븐을 145℃로 예열한다.

- 스패출러를 이용해 세 가지 색깔의 반죽을 각각 짤주머니에 반쯤 채워 넣는다. 먼저 분홍색 짤주머니를 들고 베이킹시트의 모서리에 반죽을 짜서 유산지를 고정한다(**D**). 각 마카롱 사이에 2cm 정도의 간격을 두고 같은 크기의 원 20개를 일렬로 짠다(**E**). 필요에 따라 미리 표시를 해두고 크기를 맞춰 반죽을 짜도 된다. 마카롱의 지름은 4cm 정도가 적당하다. 다른 베이킹시트에 노란색과 보라색 반죽도 같은 방법으로 짠다.

- 베이킹시트를 작업대에 가볍게 톡톡 내려쳐서 반죽을 짜면서 생긴 흔적을 제거한다. 예열된 오븐에 첫 번째 베이킹시트를 넣고 마카롱 쉘이 부풀어 올라 베이킹시트에서 쉽게 떨어질 때까지 17~19분 정도 굽는다. 마카롱 쉘을 식히고 남은 두 베이킹시트의 마카롱도 같은 방법으로 굽는다.

- **유자 필링 만들기 :** 유자즙이나 퓌레, 달걀노른자, 달걀, 입자가 고운 설탕을 내열성 믹싱볼에 넣고 섞는다. 소량의 물이 끓고 있는 소스 팬 위로 믹싱볼을 올리되, 볼의 밑면이 물에 닿지 않게 주의한다. 혼합물이 되직해질 때까지 중불로 가열하며 계속 젓는다. 농도가 순식간에 되직해질 수 있다. 볼을 불에서 내리고 1분간 더 저은 후 잘라놓은 버터를 넣고 섞는다. 혼합물을 어느 정도 식힌 후, 입맛에 따라 소량의 레몬즙을 넣는다. 짤주머니에 옮겨 담고 냉장고에 보관한다.

- **사토 니시키 체리 필링 만들기 :** 작은 소스 팬에 사토 니시키 퓌레를 중불로 데운다. 별도의 볼에 달걀노른자와 입자가 고운 설탕을 넣고 섞는다. 사토 니시키 퓌레가 끓기 시작하면 달걀 혼합물에 소량을 넣고 젓는다. 이것을 다시 소스 팬에 부어 스패출러로 끓고 있는 체리와 잘 섞는다. 혼합물이 되직해지거나 80℃에 이를 때까지 약불로 가열한다. 거품기를 꽂은 스탠드 믹서의 볼에 붓고 중간 속도로 2분 휘핑한다. 2분 후, 잘라놓은 버터를 한 조각씩 넣는다. 2분 더 휘핑하여 되직하고 부드러운 필링을 완성한다. 스패출러로 혼합물을 짤주머니에 옮겨 담아 냉장고에 보관한다.

- **미소 필링 만들기 :** 휘핑/헤비크림을 전자레인지에 30초간 데운다. 액상 글루코스와 입자가 아주 고운 설탕을 소스 팬에 넣고 중불로 가열하여 진득한 캐러멜을 만든다. 팬을 불에서 내리고 따뜻한 크림을 서서히 부으며 계속 젓는다. 캐러멜이 튀지 않도록 주의한다. 크림이 완전히 섞이면 바다 소금과 스위트 미소 페이스트를 넣는다. 필링을 식히고 스패출러로 짤주머니에 옮겨 담는다. 필요할 때까지 냉장고에 보관한다.

- 마카롱 쉘을 비슷한 크기와 색깔로 짝을 맞추어 일렬로 놓는다. 노란색 쉘 반쪽에 유자 필링을 짜고, 분홍색 쉘 반쪽에 사토 니시키 체리 필링을 짜고, 보라색 쉘 반쪽에 미소 필링을 짠다(**F**). 나머지 반쪽 쉘을 덮고 어느 정도 굳을 때까지 기다린다.

말차 알파호르

간단하지만 맛있는 남아메리카의 초코파이와 같은 알파호르에 일본적인 요소 몇 가지를 더했다. 쉽게 부서지는 질감의 섬세한 디저트로 애프터눈 티와도 어울리고 커피 한 잔에 곁들여 먹기도 좋다. 전통적인 둘세 드 레체 필링 대신 스위트 미소 캐러멜을 사용했다.

필요한 도구

3cm짜리 라운드 쿠키 커터
베이킹시트 2개, 유산지
짤주머니, 플레인 깍지(선택)

재료 | 16개

알파호르
다목적 밀가루 200g(1½컵)
옥수숫가루/옥수수전분 325g(1¼컵)
중탄산나트륨/베이킹소다 ½작은술
베이킹파우더 2작은술
그래뉴당 150g(¾컵)
스틱 버터 225g(2개)
달걀노른자 3개
말차 파우더 10g(깎아서 2큰술)

미소 캐러멜
휘핑/헤비크림 160ml(¾컵)
액상 글루코스 40g(2큰술)
입자가 고운 설탕 200g(1컵)
바다 소금 깎아서 1작은술
스위트 미소 페이스트 60g(깎아서 3큰술)
더스팅용 아이싱/슈거파우더

- **알파호르 만들기 :** 밀가루와 옥수숫가루/옥수수전분, 베이킹소다, 베이킹파우더를 모두 섞는다.
- 거품기를 꽂은 스탠드 믹서의 볼에 설탕과 부드러운 버터를 넣고 중간 세기로 휘핑한다(혹은 핸드 전동 거품기를 사용한다). 달걀노른자를 하나씩 넣어 완전히 섞이고 나면 노른자를 추가한다. 마지막으로 말차 파우더를 넣고 잘 섞는다.
- 앞서 만들어놓은 밀가루 혼합물을 넣어 파슬파슬한 반죽을 만든다. 서로 엉겨 붙게 하기 위해 물을 조금 부어야 할 수도 있다. 반죽에 점착성이 생기면 손으로 공 모양으로 빚어 랩으로 감싼다. 30~60분 정도 냉장고에 보관한다.
- 오븐을 180℃로 예열한다.
- 작업대에 최소한의 밀가루를 뿌려 반죽을 6mm 두께로 민다. 쿠키 커터를 이용해 반죽을 동그랗게 찍어낸다. 반죽을 계속 한데 모았다가 다시 밀고 찍어내기를 반복한다. 총 32개(쿠키 16개)를 찍어 낼 수 있다. 준비한 베이킹시트에 일정한 간격을 두고 쿠키를 올린다. 예열된 오븐에 7~10분가량, 반죽이 어느 정도 굳지만 갈색으로 변하지 않을 만큼 굽는다. 오븐에서 쿠키를 꺼내고 식힘망에 올린다.
- **미소 캐러멜 만들기 :** 휘핑/헤비크림을 전자레인지에 30초간 데운다. 작은 소스 팬에 액상 글루코스와 설탕을 넣고 진득한 캐러멜이 될 때까지 계속 저으며 가열한다. 팬을 불에서 내리고 따뜻한 크림을 조심히 넣고 젓는다. 캐러멜이 튀지 않도록 주의하며 크림을 서서히 붓는다. 크림이 완전히 섞이면 소금과 미소 페이스트를 넣는다. 캐러멜이 식을 때까지 기다렸다가 짤주머니에 옮겨 담는다.
- 비슷한 크기와 색상을 맞춰 한 쌍씩 짝을 맞춘다. 쿠키의 한쪽 면에 미소 캐러멜을 듬뿍 짠 다음, 남은 반쪽을 덮는다. 아이싱/슈거파우더를 쿠키 위에 더스팅한다. 밀폐 용기에 넣어 보관하면 일주일은 좋은 상태를 유지할 수 있다.

필요한 도구

거품기를 꽂은 스탠드 믹서
베이킹시트, 유산지
짤주머니, 플레인 깍지
슈거 온도계
직사각형 실리콘 몰드 4개

재료 | **4개**

웨이퍼
달걀흰자 160g
그래뉴당 80g(1/3컵+1큰술)
체로 거른 아이싱/슈거파우더 160g(1 1/3컵)
아몬드파우더 160g(1 1/2컵)

필링
웨이퍼를 다듬고 남은 부스러기 약 100g(레시피 참고)
발로나 둘세 초콜릿 150g

말차 무스
달걀노른자 6개
그래뉴당 125g(2/3컵-2작은술)
상업용 젤라틴 4장 혹은 가정용 젤라틴 8장
말차 파우더 10g(깎아서 2큰술)
발로나 둘세 초콜릿 200g
세미 휩 상태의 휘핑/헤비크림 350g(1 1/2컵)

녹색 초콜릿 스프레이
시중에 파는 녹색 벨벳 에어로졸 스프레이
파티세리용 스프레이 건을 사용할 경우 :
코코아 버터 200g
화이트초콜릿 300g
녹색 코코아 버터 색소 30g
은박과 템퍼링한 초콜릿 스틱(선택)

- **웨이퍼 만들기** : 스탠드 믹서의 볼에 달걀흰자를 넣고 소프트 픽 상태로 휘핑한다. 휘핑 속도를 올리고 설탕을 서서히 넣으며 단단하고 윤기 나는 상태로 휘핑한다. 아이싱/슈거파우더, 아몬드파우더도 넣는다. 베이킹시트에 혼합물을 펴 바르고 180℃로 예열된 오븐에서 15~20분 정도 굽는다. 오븐에서 꺼내 유산지 위에 뒤집는다. 위쪽의 유산지를 떼어내고 큰 칼로 웨이퍼를 12조각으로(6×1cm) 자른 후 남는 부분은 따로 보관한다. 12조각과 부스러기를 뜨거운 오븐에 있는 베이킹시트에 넣고 노릇노릇해질 때까지 5분 더 굽는다.

- **필링 만들기** : 남은 웨이퍼 조각을 잘게 빻는다. 발로나 둘세 초콜릿을 중탕하여 녹인다. 볼의 밑면이 뜨거운 물에 닿지 않도록 주의한다. 녹은 초콜릿과 빻은 웨이퍼 조각을 잘 섞는다. 혼합물을 유산지 두 장 사이에 넣고 아주 얇게 민다. 유산지를 떼지 않은 채로 완전히 굳을 때까지 30분간 얼린다. 완전히 굳고 나면 실리콘 몰드와 같은 크기로 4조각을 자른다. 이것이 디저트의 베이스가 된다. 다시 냉동실에 보관한다. 웨이퍼와 같은 크기(6×1cm)로 8조각 잘라낸다.

- 웨이퍼 12조각을 3개씩 4묶음으로 나누고 필링 8조각을 2개씩 4묶음으로 나눈다. 웨이퍼 3개와 필링 2개를 번갈아가며 쌓는다. 남은 묶음도 같은 방법으로 쌓아 랩으로 싸서 냉동실에 보관한다.

- **말차 무스 만들기** : 스탠드 믹서에 달걀노른자를 넣고 거품이 생길 때까지 빠른 속도로 휘핑한다. 그동안 소스 팬에 설탕을 넣고 젖은 모래 같은 농도가 되도록 물을 부어 슈거 온도계를 꽂고 중불로 가열한다. 시럽 온도가 118℃에 이르고 달걀노른자에 거품이 생기면 믹서의 속도를 낮추고 시럽을 볼에 붓는다. 차가운 물에 불린 젤라틴의 물기를 짜고 혼합물에 넣는다. 몇 분간 더 섞고 말차 파우더를 넣고 젓는다. 초콜릿을 담은 볼의 밑면이 물에 닿지 않도록 주의하면서 중탕으로 녹인다. 녹은 초콜릿을 무스에 넣고 잘 섞은 후 세미 휩 상태의 크림도 넣고 짤주머니에 옮겨 담는다.

- 몰드에 말차 무스를 소량 짠 다음 팔레트 나이프/메탈 스패출러로 구석구석 펴 바른다. 몰드를 작업대 위로 톡톡 내려쳐서 기포를 제거한다. 무스를 더 짜서 몰드의 반을 채우고 웨이퍼 타워를 넣는다. 틈을 채우기 위해 말차 무스를 더 짜고 팔레트 나이프/메탈 스패출러로 윗면을 평평하게 다듬는다. 웨이퍼 베이스를 올리고 그대로 냉동실에 4시간 보관한다.

- **장식하기** : 몰드에서 디저트를 조심히 꺼내 식힘망 위에 올린다. 작업대를 보호하기 위해 종이를 깐다. 코코아 버터와 화이트초콜릿을 녹인 후 원하는 색이 나올 때까지 색소를 더한다. 완성되면 스프레이 건에 옮겨 담은 후 디저트 위로 고르게 뿌린다. 시중에 파는 녹색 벨벳 에어로졸 스프레이를 사용해도 좋다. 스프레이가 굳을 때까지 기다렸다가 내어놓는다. 은박 조각이나 템퍼링한 초콜릿 스틱을 올려 장식해도 좋다.

말차 '킷캣'

녹차 킷캣은 일본적인 요소가 가미된 남녀노소에게 인기 있는 초콜릿 바다. 이 유명한 간식을 나의 방식대로 만들어 보았다. 오리지널 킷캣의 가벼운 질감을 만드는 비결은 웨이퍼 조각을 사용하는 것인데, 이 레시피에도 같은 방법을 사용했다. 발로나 둘세 초콜릿 특유의 진한 맛과 말차의 씁쓸한 맛이 어우러져 훌륭한 균형을 이룬다.

참깨 땅콩 쿠키

고소한 쇼트 브레드 같은 이 쿠키는 참깨가 더해져 환상적인 맛을 자랑한다. 만다린 오리엔탈 호텔에서 함께 일했던 훌륭한 페이스트리 셰프인 리사 필립스가 전수해 준 레시피다.

필요한 도구

베이킹시트 2개, 유산지

재료 | 20개

스틱 버터 250g(2¼개)
그래뉴당 150g(¾컵)
갈색 정제 설탕 140g(⅔컵)
땅콩버터 250g(1¼컵)
다목적 밀가루 400g(3컵)
베이킹파우더 22g(1½큰술)
소금 뿌린 땅콩 빻은 것과 흰 참깨 1큰술씩 섞은 것

- 믹싱볼에 버터와 그래뉴당, 갈색 정제 설탕을 넣고 핸드 전동 거품기로 잘 섞는다. 땅콩버터를 넣고 나무 숟가락으로 완전히 섞일 때까지 젓는다. 밀가루와 베이킹파우더를 넣고 반죽을 만든다. 바스러지듯 파삭파삭한 질감이 되어야 한다.
- 2장의 유산지 사이에 반죽을 넣고 베이킹시트와 비슷한 크기로 민다. 위에 덮은 유산지를 떼어내고 반죽에 빻은 땅콩과 흰 참깨 섞은 것을 뿌린다. 반죽을 유산지 사이에 끼운 채 냉동실에 보관한다. 반죽이 굳고 나면 쉽게 자를 수 있다.
- 오븐을 170℃로 예열한다.
- 잘 드는 칼과 자를 사용하여 반죽을 7cm 정사각형 모양으로 여러 개 잘라낸다. 남는 반죽을 다시 뭉쳐서 밀고 정사각형으로 자르길 반복한다.
- 준비한 베이킹시트에 쿠키를 올리고 예열된 오븐에서 노릇노릇해질 때까지 8~13분 정도 굽는다. 식힘망에서 쿠키를 식힌다.

땅콩 아마낫토

일본의 전통 과자인 아마낫토는 보통 콩이나 팥을 설탕에 묻힌 것이다. 이 레시피는 콩과 소금 간을 한 땅콩을 섞어서 더 식감이 좋다. 술안주로도 완벽하다. 마지막 단계에서 약간의 와사비를 넣어주면 흥미로운 맛을 느낄 수 있을 것이다.

재료 | **10인분**

건조한 팥 200g(1¼컵)
소금 뿌린 땅콩 200g(1½컵)
그래뉴당 300g(1½컵)
갈색 정제 설탕 50g(¼컵)

- 하룻밤 동안 팥을 차가운 물에 충분히 불린다. 물을 따라내고 팥을 깨끗이 헹군다.
- 큰 소스 팬에 팥을 넣고 잠길 정도로 물을 부은 후 중불로 가열한다. 물이 끓기 시작하면 뚜껑을 닫고 팥이 부드러워질 때까지 1시간 정도 약불로 끓인다. 필요에 따라 중간에 팥이 잠기도록 물을 더 보충해 준다. 물을 따라내고 흐르는 차가운 물로 팥을 식힌다. 페이퍼타월로 물기를 완전히 제거한다.
- 땅콩과 설탕, 물 3½큰술을 넓은 소스 팬이나 깊은 프라이팬에 넣는다. 5분간 중불로 가열하며 계속 젓는다. 팥을 팬에 넣고 모든 재료에 설탕을 고루 묻힌다. 갈색 정제 설탕을 넣고 섞는다. 트레이에 부어 식힌 후 내어놓는다.

요거트 셔벗 딥을 곁들인 영귤, 유자, 귤 막대사탕

다른 감귤류 과일을 사용해도 괜찮다. 나는 정해지지 않은 모양의 막대사탕을 만들었지만 일정한 모양의 사탕을 만들고 싶다면 스탠실을 사용해도 좋다.

필요한 도구

슈거 온도계
베이킹시트 3개, 유산지 혹은 실리콘 매트
막대사탕 막대
작은 차 거름망

재료 | 12개

막대사탕

영귤(1개), 유자(1개), 귤(1개)의 제스트
퐁당 아이싱/슈거파우더 300g(2컵+2큰술)
액상 글루코스 200g(2/3컵)
구연산 3g(1/2작은술, 정확히 3등분한다)

요거트 셔벗 딥

요거트파우더 200g(1컵, 온라인으로 구입)
아이싱/슈거파우더 200g(1 1/2컵-1큰술)

- 트레이에 세 가지 과일의 제스트를 분리하여 올리고 따뜻한 곳에서 24시간 동안 건조한다. 혹은 트레이를 오븐에 넣고 가장 낮은 온도로 설정하여 1시간 30분에서 2시간 정도 과일이 완전히 건조될 때까지 넣어둔다.
- 작은 소스 팬에 퐁당 아이싱/슈거파우더와 액상 글루코스를 넣고 약불로 가열한다. 슈거 온도계를 넣고 온도를 156℃까지 올린다. 적정 온도에 이르면 뜨거운 시럽을 준비한 베이킹시트에 조심히 붓는다. 설탕 혼합물이 식어 완전히 굳을 때까지 기다렸다가(약 1시간) 작은 조각으로 깨뜨린다.
- 설탕 조각들을 3등분으로 나눈다. 3개의 작은 볼에 건조한 과일 제스트 세 종류를 각각 넣고 설탕 조각과 구연산을 같은 양으로 나누어 넣는다. 블렌더나 푸드 프로세서를 이용해 각 혼합물을 따로 갈아서 입자가 고운 가루로 만든다.
- 차 거름망을 이용해 한 종류의 가루를 베이킹시트에 더스팅한다. 두께를 일정하게 유지하는 것이 중요하다. 가루가 적으면 사탕이 너무 얇아지고 가루가 많으면 사탕이 너무 두꺼워지기 때문이다.
- 오븐을 180℃로 예열한 후 막대사탕 가루가 녹을 때까지 3~4분 동안 굽는다. 베이킹시트를 꺼내어 혼합물을 식히며 다시 굳힌다. 오븐은 계속 켜놓는다.
- 굳은 혼합물을 아무렇게나 조각낸 다음, 베이킹시트 위에 올려놓은 막대 위로 조각을 하나씩 올린다. 뜨거운 오븐에 넣고 막대 위로 혼합물이 녹도록 2분간 굽는다. 오븐에서 꺼낸 후 막대 주위를 눌러 잘 고정되었는지 확인한다. 사탕이 굳을 때까지 기다렸다가 내어놓는다. 다른 종류의 막대사탕도 같은 방법으로 반복한다.
- **요거트 셔벗 딥 만들기 :** 요거트파우더와 아이싱/슈거파우더를 섞는다. 막대 사탕 옆에 딥을 함께 내어놓는다.

참고

과일의 자연스러운 색(사진 참고)보다 더 진한 색상의 사탕을 만들고 싶다면 시럽에 식용 색소를 몇 방울 더해준다.

생강 스페리피케이션을 올린 핫 사케 젤리 샷

이 젤리샷은 사람들이 서로 대화를 시작하게 해주는 좋은 매개체가 된다. 스페리피케이션 기법은 손님들에게 항상 깊은 인상을 남기며 다양한 디저트에 좋은 장식이 된다. 복잡해 보여도 사실 이 과정은 꽤 간단하다. 꼭 기억해야 할 점은 스페리피케이션을 완성하고 15분 안에는 손님에게 내어놓아야 한다는 것이다.

필요한 도구

내열성 샷용 유리잔
젤란검의 무게를 잴 수 있는 전자저울

재료 | 10개

사케 젤리
사케 500ml(2컵+2큰술)
젤란검 3g과 그래뉴당 10g(2½작은술) 섞은 것

생강 시럽
그래뉴당 150g(¾컵)
5cm짜리 생강

스페리피케이션
생강 시럽 250ml(1컵+1큰술)
그래뉴당 10g(2½작은술)
알긴산나트륨 2.5g(½작은술)
염화칼슘 5g(1작은술)
혹은 스페리피케이션 키트

- **핫 사케 젤리 만들기 :** 소스 팬에 사케 100ml를 넣고 끓인다. 팬을 불에서 내리고 젤란검과 설탕 섞은 것을 넣는다. 계속 저으며 녹을 때까지 가열한다. 불에서 팬을 내리고 남은 사케를 넣고 젓는다. 유리병에 옮겨 담은 후 샷용 유리잔에 나눠 붓는다. 잠시 식힌 후 냉장고에 30분간 보관한다.
- **생강 시럽 만들기 :** 소스 팬에 설탕과 물 300ml를 넣고 중불로 가열한다. 시럽이 끓는 동안 설탕이 다 녹았는지 확인한다. 신선한 생강을 잘라서 넣고 불을 끄고 20분간 향이 스며들도록 기다린다. 촘촘한 체에 생강 시럽을 걸러내고 생강을 제거한다. 생강 시럽이 식고 나면 스페리피케이션을 만든다.
- **스페리피케이션 만들기 :** 18쪽을 참고한다. 모든 도구와 재료를 준비해 두고 손님에게 내어놓기 직전에 만들어야 한다.
- 유리잔에 담긴 젤리를 전자레인지에 30~60초 정도 돌린다. 숟가락을 이용해 젤리 위에 생강 스페리피케이션을 정교하게 올린다. 티스푼과 함께 디저트를 바로 내어놓는다.

폰즈 소스를 곁들인 바삭한 톳 초콜릿

아주 간단한 레시피지만 파티 스낵으로 훌륭한 역할을 한다. 바삭하고 짭짤하게 튀겨낸 해조류에 설탕과 코코아파우더를 뿌린 간식인데, 매콤한 폰즈 소스에 찍어 먹으려면 파티에 온 손님들이 젓가락을 사용해야 한다. 시간을 절약하려면 일본 식료품점이나 온라인에서 좋은 질의 폰즈 소스를 구매해도 좋다.

필요한 도구

식물성 기름을 반쯤 채운 깊은 튀김 냄비
혹은 큰 웍

재료 | 4인분

마른 톳 50g
그래뉴당 100g(½컵)
코코아파우더 50g(½컵)

폰즈 디핑 소스
진간장 2큰술
가쓰오부시 1큰술
쌀식초 2작은술
미림 1작은술
유자즙 혹은 퓌레 1큰술

- **바삭한 톳 튀기기 :** 깊은 튀김기에 식물성 기름을 넣고 180℃로 예열한다. 혹은 커다란 웍에 기름을 반쯤 붓고 빵가루를 넣었을 때 바로 떠오를 때까지 가열한다. 톳을 뜨거운 기름에 약 15초간 튀긴다. 기름이 많이 튈 수 있으므로 주의한다. 건지기 스푼으로 톳을 건져내어 페이퍼타월로 기름을 제거한다.
- **폰즈 디핑 소스 만들기 :** 유자즙 혹은 퓌레를 제외한 모든 재료를 소스 팬에 붓는다. 약불로 5분간 가열하되, 혼합물이 끓으면 안 된다. 촘촘한 체에 걸러낸 후 유자즙이나 퓌레를 넣고 섞는다. 소스를 식힌다.
- 튀긴 톳에 설탕과 코코아파우더를 묻히고 옆에 폰즈 소스를 곁들여 내어놓는다.

캐러멜라이즈 스위트 미소 트뤼플

이 작고 아름다운 트뤼플은 만들기도 쉬울 뿐 아니라 미리 만들어 얼려놓을 수 있다. 냉장 보관할 경우, 일주일까지 좋은 상태를 유지한다.

필요한 도구

유산지를 깐 베이킹시트
랩을 깐 베이킹시트

재료 | **20개**

트뤼플 내부

그래뉴당 50g(¼컵)
스위트 미소 페이스트 200g(⅔컵)
휘핑/헤비크림 200ml(¾컵)
다크초콜릿 500g
밀크초콜릿 400g
스틱 버터 60g(½개)

트뤼플 외부

다크초콜릿 100g
코코아파우더 50g(½컵)

- 소스 팬에 설탕을 넣고 중불로 가열한다. 설탕이 녹으며 캐러멜라이즈되는 동안 미소 페이스트, 휘핑/헤비크림을 차례로 넣고 젓는다. 혼합물이 끓으면 팬을 불에서 내리고 다크초콜릿과 밀크초콜릿을 넣는다. 초콜릿이 녹으면 잘라놓은 버터를 넣고 녹을 때까지 한 번씩 젓는다. 트뤼플 혼합물을 통에 넣고 굳을 때까지 냉장고에 1시간 동안 보관한다.

- 완전히 굳고 나면, 숟가락이나 멜론 볼러로 지름 2cm 정도의 작은 공 모양으로 뜬다. 나중에 모양을 다듬을 것이기 때문에 뜰 때는 모양이 예쁘지 않아도 신경 쓸 필요 없다. 유산지를 깐 베이킹시트에 초콜릿을 올리고 냉동실에 1시간 정도 보관한다.

- 초콜릿이 굳고 나면, 손바닥으로 초콜릿을 동그란 모양으로 빚는다. 완벽하게 둥글 필요는 없다. 다시 냉동실에 1시간 정도 보관한다.

- 다크초콜릿의 반을 전자레인지에 30~60초간 돌려 녹이고 남은 초콜릿과 섞어서 모두 녹인다. 코코아파우더를 접시에 준비한다.

- 녹은 초콜릿 1작은술을 손바닥에 올리고 트뤼플을 손바닥으로 굴려 초콜릿을 골고루 묻힌다. 트뤼플에 코코아파우더를 골고루 묻힌다. 랩을 깐 베이킹시트에 완성된 트뤼플을 올리고 코팅이 굳을 때까지 냉장고에 보관한다.

짭짤한 스낵

일본의 시장을 여러 곳 방문했을 때 영감을 받아 만든 간식들이다. 나만의 레시피로 살짝 변형했지만 현지의 맛을 충분히 느낄 수 있을 것이다. 간단하게 준비할 수 있으며 이 책에 소개한 모든 디저트와 훌륭한 조화를 이룬다. 꼭 맛있게 즐겨주길 바란다.

후리카케 팝콘

후리카케는 일본에서 소금과 후추만큼이나 중요한 밥에 뿌려 먹는 양념이다. 주재료는 보통 참깨, 김 가루, 설탕, 소금이지만 다양한 맛을 첨가할 수 있다. 김을 더 넣거나 가쓰오부시, 와사비를 넣기도 한다. 시간을 절약하려면, 온라인이나 일본 식료품점에서 제품을 구매해 사용하는 것도 좋은 방법이다. 하지만 직접 만들고 싶다면, 주재료들을 같은 양으로 섞어서 사용하면 된다. 나는 와사비를 더한 후리카케와 시중에 파는 팝콘을 사용했다. 흔치 않은 맛으로 손님들을 놀라게 해주기 쉬운 방법이다. 스낵뿐만 아니라 일본 요리의 전채 요리로 활용해도 좋다.

재료 | 큰 볼 1개 분량

해바라기씨유 $1\frac{1}{2}$큰술(혹은 식물성 기름, 유채씨유처럼 고열에 적합한 기름)
튀기지 않은 팝콘 200g(1컵)
참기름 50ml($3\frac{1}{2}$큰술)
시중에 파는 와사비 후리카케 2~3큰술

- 뚜껑이 있는 큰 소스 팬에 해바라기씨유를 넣는다. 팝콘을 넣고 골고루 기름이 묻도록 섞는다. 뚜껑을 덮고 중약불로 가열한다. 팝콘이 탈 수도 있기 때문에 온도가 너무 뜨겁지 않도록 주의한다.
- 팝콘 터지는 소리가 점점 줄어들면 거의 완성된 상태다. 불을 끄고 팝콘 터지는 소리가 완전히 잠잠해질 때까지 기다린다.
- 팬을 불에서 내리고 참기름과 후리카케를 뿌린다. 고르게 섞는다.

베리에이션

후리카케를 구하기 힘들다면 레시피를 다양한 방법으로 변형할 수 있다. 기름 대신 버터, 후리카케 대신 와사비파우더, 약간의 설탕, 참깨를 사용해 보자.

가라아게 스타일의 교자 치킨 윙

일본에서 가장 인기 있는 바 스낵인 중독성 있는 이 닭튀김은 전통 이자카야에서도 볼 수 있다. 저렴하고 잘 사용하지 않는 닭의 부위를 활용하기 좋은 방법일 뿐만 아니라 훌륭한 카나페 혹은 애피타이저로 내어놓기 좋다. 입맛에 따라, 필링 대신 새우 다진 것이나 야채와 버섯 다진 것을 사용해도 좋다.

필요한 도구

대나무 찜기 혹은 일반 찜기
튀김기 혹은 튀김용 큰 팬

재료 | 20개

뼈를 발라낸 닭 날개 20개
튀김용 식물성 기름
감자 가루 200g(1⅓컵)
폰즈 소스(155쪽 참고, 혹은 시중에 파는 소스)

교자 필링
다진 돼지고기 400g
다진 생강 1큰술
다진 마늘 1작은술
간장 1큰술
미림 1큰술
빨간 칠레고추 다진 것 1개 분량
고수 한 묶음
소금 1작은술

- 큰 볼에 모든 교자 필링 재료를 넣고 섞는다.
- 뼈를 발라낸 닭 날개를 한 손에 들고 필링 2큰술을 뼈가 있던 공간에 채워 넣는다. 날개의 껍질을 깔끔하게 잡아당겨 내용물이 다 채워졌는지 확인한다. 필링이 빠져나오지 않도록 껍질이나 살코기를 잘 접는다. 랩으로 닭 날개를 단단하게 감싸고 남은 닭 날개도 같은 방법으로 반복한다.
- 찜기의 물을 데운다.
- 닭 날개를 (아직 랩을 벗기지 않는다) 찜기에 넣고 10분간 찐다. 찜기에 한 번에 넣는 닭 날개 개수나 찜기의 크기에 따라 조리 시간이 달라진다. 가장 두꺼운 닭 날개의 중앙에 5초간 칼을 찔러본다. 칼이 아주 뜨거우면 완성이다. 그렇지 않다면, 원하는 온도가 될 때까지 계속 조리한다.
- 닭 날개를 식힌 후 랩을 벗겨 냉동실에 30분간 넣어둔다. 겉면을 건조한 뒤 튀기면 아주 바삭해진다. 닭을 얼리지는 않되, 최대한 차갑게 만드는 것이 중요하다. 튀길 준비가 되지 않았다면, 30분 후에는 냉동실에서 꺼내어 냉장고로 옮긴다.
- 튀길 준비가 되면, 튀김기의 기름을 180℃로 예열한다. 큰 튀김용 냄비를 사용할 때는 기름을 반쯤 채우고 빵가루를 넣었을 때 바로 표면으로 튀어 오를 때까지 기름을 가열한다.
- 차가운 닭 날개에 감자 가루를 뿌린 후 몇 개씩 넣어 노릇노릇해질 때까지 뒤집으며 5분간 튀긴다. 기름에서 닭 날개를 건져내고 페이퍼타월로 기름을 제거한다. 닭이 뜨거울 때 폰즈 소스와 함께 내어놓는다.

닭고기 야키토리

'구이'라는 의미의 야키토리는 끈적한 글레이즈 소스를 바른 꼬치로 간식이나 애피타이저로 인기 있는 음식이다. 바비큐나 야외 그릴에 굽는 것도 좋은 방법이다. 이 레시피는 닭을 사용하지만, 각자 원하는 고기를 사용해도 좋다. 연어도 달짝지근한 소스와 잘 어울린다. 다시마 국물은 판매하는 제품을 사용하거나 171쪽을 참고하여 직접 만들어도 좋다.

필요한 도구

그릴 팬
메탈 혹은 나무 바비큐 꼬치 10개
유산지를 깐 베이킹시트

재료 | **10개**

뼈 없는 닭 허벅지 살 10조각
파 2묶음

야키토리 양념장
간장 180ml(3/4컵)
미림 150ml(2/3컵)
사케 100ml(1/3컵+1큰술)
그래뉴당 2 1/2큰술
소금 2작은술
다시마 국물 400ml(살짝 모자란 1 3/4컵)

- 닭 허벅지 살을 2cm 크기로 깍뚝 썰어 냉장고에 보관한다. 파는 5cm 길이로 자른다.
- 소스 팬에 양념장 재료를 모두 넣고 끓을 때까지 가열한다. 불에서 내리고 양념장을 식힌다. 완전히 식고 나면, 닭과 파를 양념장에 넣고 랩으로 덮어 냉장고에 2~3시간 보관한다.
- 2~3시간이 지나면 닭과 파를 양념장에서 꺼내 한 꼬치당 닭 5조각과 파 4조각을 번갈아가며 끼운다. 남은 양념장을 소스 팬에 붓고 중강불로 가열해 양념장을 졸여 디핑 소스를 만든다. 음식이 완성될 때까지 소스를 식힌다.
- 오븐을 180℃로 예열한다.
- 그릴 팬이 아주 뜨거워질 때까지 강불로 달군다. 뜨거운 팬에 꼬치를 조심히 올린다. 팬의 크기에 따라 2개의 팬에 나누어 굽는다. 닭의 겉면이 노릇노릇하게 될 때까지 자주 뒤집어주며 굽는다. 꼬치를 베이킹시트로 옮겨 예열된 오븐에서 10분 혹은 닭이 완전히 익을 때까지 굽는다. 뜨거울 때 디핑 소스와 함께 내어놓는다.

히라타 스팀 포크 번

부드러운 바오 번 안에 캐러멜라이즈한 돼지고기를 넣은 이 레시피는 군침이 돌게 한다. 레시피대로 준비해도 좋지만 당근 피클이나 파처럼 각자 원하는 재료를 더 넣어도 좋다. 돼지고기 대신 소고기나 닭고기를 익혀서 사용해도 된다. 이 책에 소개한 맛있는 다른 디저트들을 먹기 전에 내어놓기 좋은 간식이다.

필요한 도구

반죽기를 꽂은 스탠드 믹서
10×10cm 유산지 10장
대나무 혹은 메탈 찜기
토치

재료 | 10개

히라타 돼지고기
소금과 후추를 뿌린 통삼겹살 400g
튀김용 올리브오일
사케, 미림, 간장 각 3½큰술씩
흰설탕 4작은술
치킨 스톡 500ml(2컵)
산초 페퍼콘 5개
팔각 1개
마른 고추 1개

스팀 번
활성 드라이 이스트 1작은술
따뜻한 물 200ml(1컵)
다목적 밀가루 450g(살짝 모자란 3½컵)
그래뉴당 60g(살짝 모자란 ⅓컵)
베이킹파우더 ¾작은술
더블/헤비크림 50g(¼컵)
해바라기씨유

BBQ 케첩
식물성 오일 3큰술
간 마늘과 간 생강 각 2작은술씩
샤오싱 청주 125ml(½컵)
고추장 3큰술
백설탕 70g(⅓컵)
체리 토마토 16~17개
굴소스 3½큰술
간장 3½큰술
타마린드 주스 3½큰술
돼지고기 삶은 물 200ml(¾~1컵)
갓 짠 라임즙

양념 오이
오이 ½개
미림 100ml(⅓컵)
백설탕 1큰술
고수

- **히라타 돼지고기 만들기 :** 고기에 소금과 후추로 간을 하고 껍질을 제거한다. 크고 깊은 팬에 오일을 조금 붓고 예열한 후, 강불에 돼지고기를 빨리 익혀 지방 부위를 캐러멜라이즈한다. 고기를 팬에서 들어내고 옆에 보관한다. 뜨거운 팬에 사케를 붓고 성냥을 이용해 조심히 불길을 낸다. 알코올이 다 날아가면, 미림과 간장, 설탕을 넣고 섞는다. 고기를 다시 팬에 올리고 치킨 스톡을 붓는다. 페퍼콘과 팔각, 고추를 넣는다. 뚜껑을 닫고 고기가 흐물해질 때까지 3시간 동안 약불로 끓인다(혹은 140℃의 오븐에서 조리한다).

- 고기를 꺼내 팬의 내용물을 체에 거른다. 향신료는 버리고 국물은 BBQ 케첩을 만들 때 사용하기 위해 따로 보관한다. 돼지고기를 식힌 후 냉장고에 보관한다.

- **스팀 번 만들기 :** 이스트를 따뜻한 물에 풀고 거품이 생길 때까지 기다린다. 반죽기를 꽂은 스탠드 믹서의 볼에 기름을 제외한 모든 반죽 재료를 넣는다. 이스트 물을 넣고 5분간 반죽하여 부드러운 반죽을 완성한다. 볼에 반죽을 담고 랩으로 덮는다. 따뜻한 곳에서 1시간 혹은 부피가 두 배로 부풀어 오를 때까지 휴지한다.

- 부풀어 오른 반죽을 10등분한다. 반죽 한 덩어리를 피타 브레드의 모양·두께와 비슷하게 민다. 작은 타원형으로 민 반죽을 가로로 반으로 접는다. 베이킹시트에 준비한 유산지를 깔고 그 위에 반죽을 하나씩 올린다. 반죽을 접은 부위 사이에 작은 유산지 조각을 끼워 달라붙지 않도록 만든다. 번에 기름을 바르고 랩으로 느슨하게 덮는다. 반죽이 부풀도록 따뜻한 곳에 15분 놔둔다.

- 찜기의 물을 끓인다. 유산지를 이용해 번을 찜기에 옮겨 넣고 12분 정도 조리한다. 한 번에 너무 많은 번을 넣지 않고 여러 번 찐다.

- **BBQ 케첩 만들기 :** 프라이팬에 기름을 둘러 달구고 향이 날 때까지 마늘과 생강을 볶는다. 샤오싱 청주를 팬에 두르고 고추장과 설탕을 넣는다. 몇 분간 조리한 후 라임즙을 제외한 모든 재료를 넣는다. 소스가 졸아들고 토마토가 흐물흐물해질 때까지 5~10분 조리한다. 불에서 팬을 내리고 체에 거른다. 라임즙을 소량 넣고 식힌다.

- **양념 오이 만들기 :** 오이의 씨를 제거하고 자른다. 미림과 설탕, 물 3큰술을 끓인 후 오이와 섞으면 완성이다.

- 돼지고기를 2cm 두께로 자른다. 프라이팬에 기름을 살짝 두르고 가열한 후 중강불로 2분간 고기의 양면을 튀긴다. 케첩을 팬에 두르고 불을 끈다. 번의 바삭한 식감을 위해 토치로 겉을 재빨리 그을린다. 번 안에 돼지고기와 양념 오이, BBQ 케첩을 넣는다. 고수를 위에 올려 장식한다.

가키아게 팬케이크

가키아게 팬케이크는 아주 간단하지만 일본 어디서나 볼 수 있는 맛있는 길거리 음식이다. 가키아게 특유의 바삭함을 위해 튀기자마자 내어놓아야 하며 튀김옷은 아주 얇아야 한다. 나는 다양한 채소를 활용한 가키아게를 좋아하지만, 원하는 어떤 재료를 사용해도 좋다. 조개류나 생선류도 잘 어울리며 양고기나 닭고기, 소고기로도 만들 수 있다. 닭고기를 사용할 때는 먼저 익힌 후 튀긴다.

필요한 도구

깊은 튀김기 혹은 튀김용 큰 팬

재료 | 작은 팬케이크 10~15개

팬케이크 반죽

팽창제 혼합 밀가루 200g(1½컵)
옥수숫가루/옥수수전분 200g(2컵)
소금 한 꼬집
차가운 스파클링 워터 400~500ml(1¾~2컵)

채소 필링

적양파 1개
당근 1개
우엉 뿌리
파 1묶음
고구마 1개
폰즈 소스(155쪽 참고하여 직접 만들거나 시중에 파는 제품을 사용한다)

- **팬케이크 반죽 만들기 :** 가루 재료들을 넣은 큰 믹싱볼에 아주 차가운 스파클링 워터를 서서히 부어 부드럽고 되직한 팬케이크 반죽이 될 때까지 젓는다.
- **채소 필링 만들기 :** 채소의 껍질을 벗기고 채 썬다. 채소를 큰 볼에 넣고 서로 엉겨 붙도록 팬케이크 반죽을 붓는다.
- 튀김기에 식물성 기름을 붓고 180℃로 예열하거나 큰 팬에 기름을 반쯤 붓고 빵가루를 떨어뜨려 바로 떠오를 때까지 가열한다.
- 디저트용 숟가락을 뜨거운 오일에 잠깐 넣었다 뺀 후, 같은 숟가락으로 반죽을 묻힌 채소를 떠서 튀김기에 조심히 넣는다.
- 한 번에 3~4개 정도의 팬케이크를 2~3분 정도 노릇노릇하게 익힌다. 건지기 스푼으로 튀김을 건져내고 페이퍼타월로 기름기를 제거한다. 남은 팬케이크도 같은 방법으로 튀겨낸다. 뜨거울 때 폰즈 소스와 함께 내어놓는다.

마요네즈와 돈가스 소스를 뿌린 타코야키 덤플링

타코야키는 일반적으로 문어를 넣는 전통적인 일본의 길거리 음식이다. 타코야키 전용 팬은 온라인이나 일본 식료품점에서 구할 수 있다. 만약 전용 팬을 구하기 힘들다면, 미니 머핀 팬으로도 만들 수 있지만 오븐보다 가스레인지에서 만들 때 더 맛있다. 문어 대신 작은 새우나 채소를 더 넣어도 좋다. 큐피 마요네즈는 달콤하고 진하며 감칠맛을 주는 일본의 소스인데, 타코야키뿐만 아니라 다른 여러 요리와도 잘 어울린다.

필요한 도구

타코야키 팬 혹은 미니 머핀 팬

재료 | 10알

다시마 국물
가쓰오부시 100g+소량 더
말린 다시마 100g

덤플링 반죽
다시마 국물 480ml(2컵)
달걀 2개
간장 1작은술
다목적 밀가루 220g(1⅔컵)
소금 ¼작은술

덤플링 필링
신선한 문어 120g(깨끗하게 손질하여 2cm로 깍둑 썬다)
붉은 생강 피클 2작은술(선택)
파 얇게 다진 것 2개 분량

불독 돈가스 소스
토마토케첩 5큰술
우스터소스 2큰술
간장 1큰술
미림 1큰술
그래뉴당 4작은술
디종 머스터드 1작은술
마늘 ½쪽 간 것

서빙할 때
큐피 마요네즈
신선한 고수

- **다시마 국물 만들기 :** 물 900ml를 끓인다. 가쓰오부시와 다시마를 넣고 2분 더 끓인다. 불을 끄고 식힌 후 육수를 체에 걸러 건더기는 버린다.
- **덤플링 반죽 만들기 :** 볼에 차가운 다시마 국물 480ml(2컵)와 달걀, 간장을 넣고 섞는다. 밀가루와 소금을 넣어 부드럽고 되직한 반죽이 될 때까지 젓는다. 반죽을 유리병에 담아 보관한다.
- 불독 돈가스 소스는 모든 재료가 잘 섞일 때까지 잘 저으면 완성된다.
- **덤플링 만들기 :** 기름을 구석구석 바른 타코야키 팬을 중불에 올린다. 팬이 아주 뜨겁게 달궈지면, 반죽을 모든 구멍에 가득 채워 붓는다. 반죽이 익기 전에 문어와 붉은 생강 피클, 파를 서둘러 덤플링 중앙에 올린다. 숟가락으로 조심히 밑으로 누른다.
- 5분 후 덤플링 색이 변하기 시작하면 숟가락으로 뒤집는다. 덤플링과 팬이 뜨겁기 때문에 특히 조심한다(미니 머핀 팬을 사용한다면, 오븐에 15분 동안 굽는다). 덤플링이 전체적으로 노릇노릇하게 구워지면, 가운데 있는 문어가 뜨거운지 확인하고 덤플링을 팬에서 꺼낸다.
- 덤플링을 내어놓을 때는 커다란 접시에 뜨거운 덤플링을 담고 큐피 마요네즈와 불독 소스를 듬뿍 뿌린다. 가쓰오부시와 고수도 뿌려준다.

포크 카츠를 넣은 판코 도넛

서양에서는 '짭짤한 도넛'이라는 개념이 생소하겠지만, 일본에서는 오래전부터 먹어왔으며 인기 있는 퓨전 길거리 음식 중 하나다. 짭짤한 재료가 들어간 빵은 일본-프랑스 퓨전 파티세리의 단골 메뉴다. 뜨겁고 바삭한 겉면을 베어 물면 달달하고 부드러운 반죽, 커리를 묻힌 돼지고기의 맛을 차례로 느낄 수 있다. 한 번 맛보고 나면 하나로 만족하지 못할 것이다. 카츠 소스는 5일 동안 냉장고에 보관할 수 있다.

필요한 도구

8×8cm짜리 유산지 10장, 오일 스프레이
튀김기 혹은 튀김에 적합한 큰 팬

재료 | 10개

도넛 반죽
생 이스트 30g 혹은 인스턴트 드라이 이스트 15g(2½작은술)
강력분 450g(살짝 모자란 3¼컵)
소금 1작은술 가득
설탕 45g(살짝 모자란 ¼컵)
따뜻한 물 200ml(¾컵)
푼 달걀 30g(달걀 ½개)
녹인 버터 45g(3¼큰술)
식물성 오일(튀김용)

포크 카츠 필링
버터 1½큰술
작은 양파 ½개 다진 것
마늘 1쪽 다진 것
잘게 다진 사과 50g(½컵)
강황 간 것 ½작은술
카레 가루 1작은술
치킨 스톡 300ml(1¼컵)
코코넛밀크 100ml(⅓컵)
묽은 꿀 1큰술
식물성 기름 1큰술
돼지고기 다진 것 250g
소금과 후추

바삭한 판코 튀김옷
푼 달걀 4개
다목적 밀가루 200g(1½컵)
판코 빵가루 200g(4⅔컵)

A

B

C

D

- 도넛 반죽을 만들 때 생 이스트를 사용한다면, 200ml 물에서 20ml(4작은술)만큼 덜어내서 생 이스트와 섞는다. 거품이 떠오를 때까지 10분간 기다린다.

- 반죽기를 꽂은 스탠드 믹서의 볼에 밀가루와 소금, 설탕을 넣고 섞는다(혹은 믹싱볼을 사용한다). 인스턴트 드라이 이스트를 사용한다면, 지금 물 200ml와 함께 붓는다. 혹은 물에 녹은 생 이스트를 남은 따뜻한 물과 함께 넣는다. 살짝 푼 달걀을 넣고 손이나 반죽기로 반죽을 치댄다. 부드럽고 매끈한 반죽이 되도록 필요에 따라 물을 더 붓는다.

- 녹은 버터를 넣고 부드러운 반죽에 신축성이 생길 때까지 10분간 반죽을 치댄다(**A**). 오일을 살짝 바른 볼에 반죽을 넣고 랩으로 덮는다. 반죽이 부풀도록 따뜻한 곳에 1시간 놔둔다.

- 반죽을 40g씩 10등분한 후 작은 공 모양으로 빚는다. 트레이에 오일을 바른 유산지 조각을 깔고 10개의 반죽을 하나씩 올린다(**B**). 오일을 바른 랩으로 트레이를 느슨하게 덮고 반죽의 크기가 두 배로 부풀도록 따뜻한 곳에 45~60분 정도 놔둔다.

- 반죽이 부풀어 오르면, 튀김기의 오일을 180℃로 예열하거나 크고 깊은 팬에 기름을 반쯤 붓고 충분히 뜨거워질 때까지 기다린다.

- 도넛의 유산지를 떼지 않은 채 조심히 뜨거운 기름 안에 집어넣는다. 유산지가 기름에 떠오르면 제거한다. 팬의 크기에 따라 한 번에 3~4개씩 튀긴다. 3분간 익힌 후 도넛의 중간 부분이 노릇노릇해지면 건지기 스푼으로 뒤집어 준다. 도넛의 양면이 고르게 노릇해질 때까지 튀긴다. 도넛을 건져내고 페이퍼타월로 기름을 제거한다.

- **포크 카츠 필링 만들기 :** 소스 팬에 버터, 양파, 다진 마늘을 넣고 양파가 물러질 때까지 익힌다. 사과를 넣고 3분 더 조리한다. 강황과 카레 가루를 넣고 치킨 스톡과 코코넛밀크를 붓는다. 잘 섞은 후 12~15분 정도 소스가 되직해질 때까지 강불로 끓인다. 꿀을 넣고 소금과 후추로 간을 한 후 불을 끈다.

- 커다란 프라이팬이나 웍을 예열하고 식물성 오일을 두른다. 간 돼지고기를 강불로 볶는다. 입맛에 따라 고기에 간을 한 후, 카츠 소스 몇 큰술을 넣고 젓는다. 돼지고기에 고루 진득한 소스를 묻힌다. 도넛에 필링을 넣기 전까지 옆에 보관한다.

- **바삭한 판코 튀김옷 만들기 :** 3개의 접시나 통에 달걀 푼 것, 밀가루, 판코 빵가루를 각각 담는다. 작은 칼을 이용해 모든 도넛의 가운데에 구멍을 뚫는다. 포크 카츠 필링을 몇 숟갈 떠서 도넛 안에 넣고(**C**) 밀가루를 묻힌 다음, 달걀, 마지막으로 판코 빵가루를 묻힌다(**D**). 도넛 전체에 고루 빵가루가 묻었는지 확인하고(특히 필링을 넣은 입구 부분) 다시 밀가루, 달걀, 빵가루 순서로 묻힌다.

- 튀김기의 기름을 다시 예열하거나 팬의 기름을 180℃까지 예열하여 빵가루를 떨어뜨렸을 때 바로 표면으로 떠오르는지 확인한다.

- 튀김기 크기에 맞게 알맞은 수의 도넛을 넣고 빵가루가 노릇노릇하게 변할 때까지 튀긴다(중간에 뒤집는다). 건지기 스푼으로 도넛을 건져내고 페이퍼타월로 기름을 제거한다. 도넛이 따뜻할 때 내어놓는다.

베리에이션

베지테리언이라면 돼지고기 대신 살롯이나 버섯, 당근, 리크를 다진 후 팬에 볶는다. 채소 혼합물에 카츠 소스를 넣는다.

애플&체리블라썸 퓌레를 겯들인 돈코츠

돼지고기 콩피는 압착한 후 김 가루를 첨가한 바삭한 튀김옷을 입혀 튀겨낸다. 하루 전에 만들어놓은 필링을 사용하는 것이 가장 좋지만 최소한 2시간은 기다렸다가 사용하자.

필요한 도구

비닐랩을 깐 바닥이 편평한 빵틀
사각형 팬 혹은 플라스틱 통
유산지를 깐 베이킹시트

재료 | 20조각

돼지고기 필링
올리브오일(튀김용)
돼지 어깨살 400g(소금과 후추로 간을 하고 다진다)
사케, 미림, 간장 각 3½큰술씩
그래뉴당 4작은술
치킨 스톡 500ml(2컵+2큰술)
팔각 1개
산초 페퍼콘 5개
말린 고추 1개

애플&체리블라썸 퓌레
요리용 사과(브램리) 2개
갓 짠 레몬즙 ½개 분량
버터 1조각
백설탕 3¼큰술
소금
체리블라썸 향료 1~2작은술(선택)

바삭한 튀김옷
푼 달걀 2개 분량
다목적 밀가루 200g(1½컵)
판코 빵가루 200g(4⅔컵)
구운 김 1장(고운 가루로 만들어 빵가루에 섞는다)
올리브오일(튀김용)

- **돼지고기 필링 만들기 :** 크고 깊은 팬에 오일을 두르고 예열한 후 지방 부위가 캐러멜라이즈되도록 강불에서 돼지고기를 익힌다. 고기를 팬에서 내리고 뜨거운 팬에 사케를 부어 조심히 성냥을 이용해 불길을 낸다. 알코올이 날아가면, 미림과 간장, 설탕을 붓고 잘 섞는다. 고기를 다시 팬에 올리고 치킨 스톡을 붓는다. 팔각과 페퍼콘, 고추를 넣는다. 뚜껑을 닫고 고기가 부드럽게 으스러질 때까지 3시간 동안 뭉근히 끓인다(혹은 140℃의 오븐에서 익힌다). 돼지고기를 꺼내고 건더기를 체로 거른다. 향료는 버리고 국물만 보관한다. 돼지고기를 식히고 냉장고에 보관한다.

- 국물을 다시 팬에 붓고 되직한 시럽으로 졸아들 때까지 5~10분 정도 중불로 끓인다. 그동안 손이나 포크로 고기를 적당한 두께로 찢는다. 국물이 졸아들면, 고기에 살짝 끼얹는다. 소스가 너무 많으면 튀김옷이 눅눅해진다. 준비한 팬에 고기를 꾹 누르고 랩으로 싸서 냉장고에 최소 2시간 이상 보관한다.

- **애플과 체리블라썸 퓌레 만들기 :** 껍질을 벗기고 씨를 제거한 사과를 작은 소스 팬에 넣고 레몬즙과 버터, 설탕을 넣는다. 사과가 완전히 부드러워질 때까지 중약불로 15~20분간 가열한다. 사과를 식힌 후 핸드 블렌더로 간다. 소금 간을 하고 향료를 넣는다.

- **포크 핑거 만들기 :** 랩을 제거하고 고기를 8×2cm의 크기로 자른다. 푼 달걀과 밀가루, 빵가루를 3개의 접시에 따로 담는다. 김 가루를 빵가루에 섞는다. 고기를 밀가루, 달걀, 빵가루의 순서대로 고르게 묻힌다.

- 큰 프라이팬에 충분한 기름을 두르고 180℃로 예열한다. 빵가루가 노릇노릇하게 익을 때까지 포크 핑거를 한 번에 너무 많이 튀기지 않고 여러 번 나누어 튀긴다. 페이퍼타월로 기름기를 제거한다. 준비한 베이킹시트에 올리고 200℃로 예열한 오븐에 5~10분 정도 굽는다. 가운데에 칼을 5초간 찔러 넣은 후 아주 뜨거운지 확인한다. 애플과 체리블라썸 퓌레를 곁들여 내어놓는다.